一、瓜类生理病害

1. 黄瓜叶片灼伤叶脉之间出现灼斑

2. 黄瓜花斑叶面凸凹不平很难看

3. 黄瓜褐小斑病延叶脉出现的油渍褐小斑

4. 黄瓜生理性萎蔫叶片下垂

5. 黄瓜花打顶雌花在生长点处聚合

6. 黄瓜生理变异株嫩茎

7. 黄瓜生理变异株茎节多叶片

8. 黄瓜下部叶片变黄

9. 黄瓜龙头缩龟头

10. 黄瓜畸形瓜 - 大肚瓜

11. 黄瓜畸形瓜 - 蜂腰瓜

12. 黄瓜畸形瓜 - 尖嘴瓜

13. 瓜类生理破碎叶

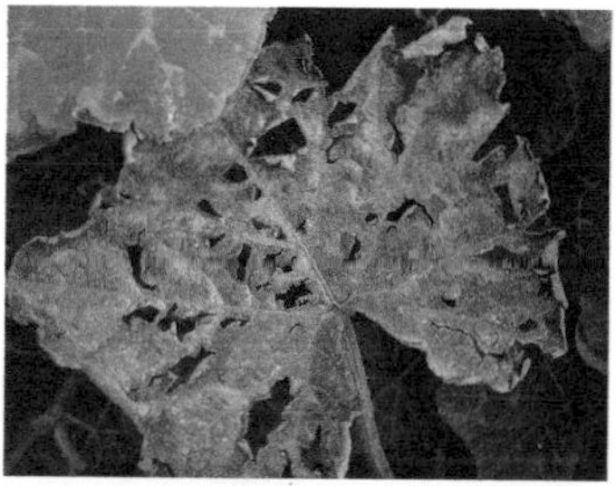

14. 南瓜破碎叶

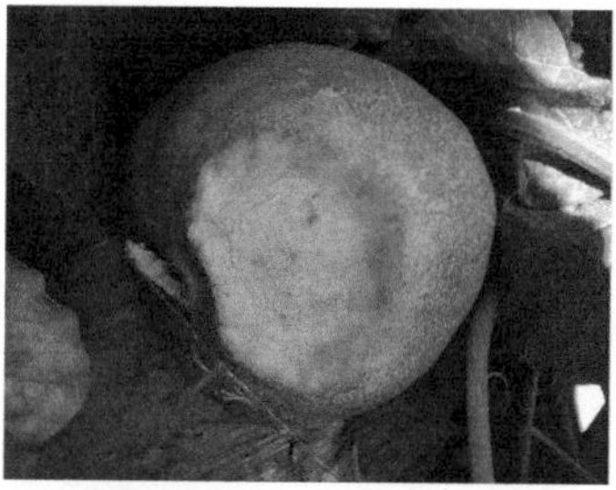

15. 甜瓜日灼

16. 甜瓜病毒病

二、茄果类生理病害

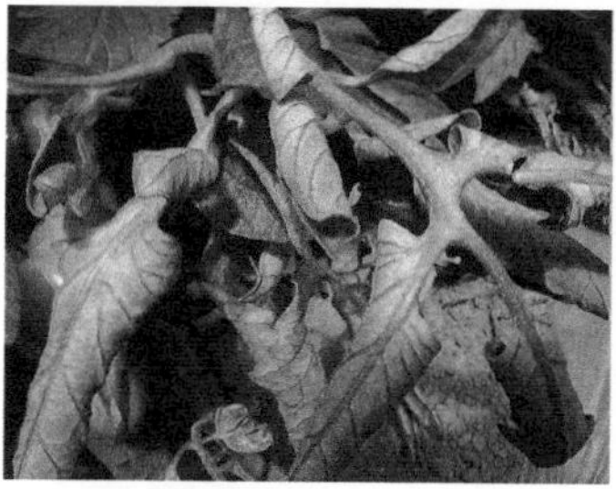

1. 番茄生理卷叶

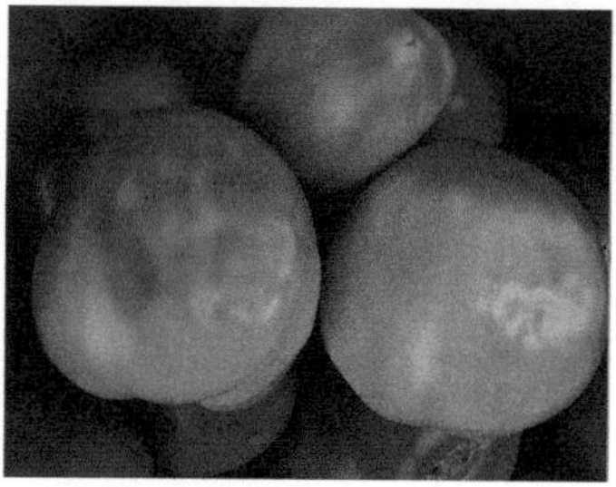

2. 番茄筋腐病果

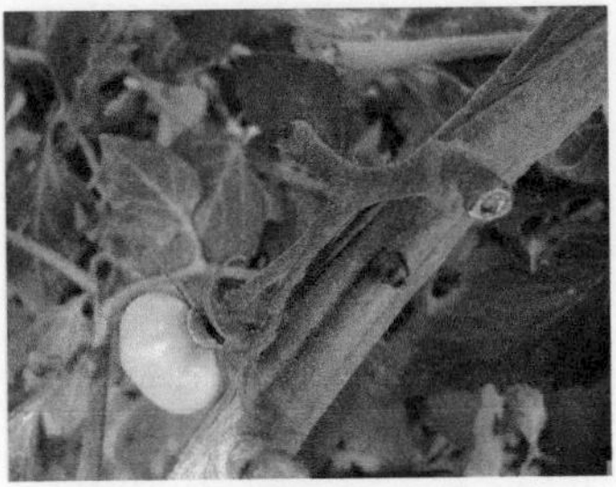

3. 番茄生理落果

4. 番茄脐腐病

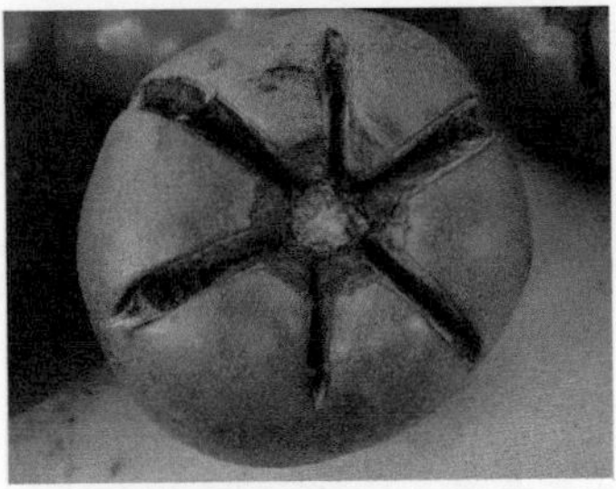

5. 番茄生理裂果

6. 番茄叶片受 2.4-D 药害

7. 番茄日灼病

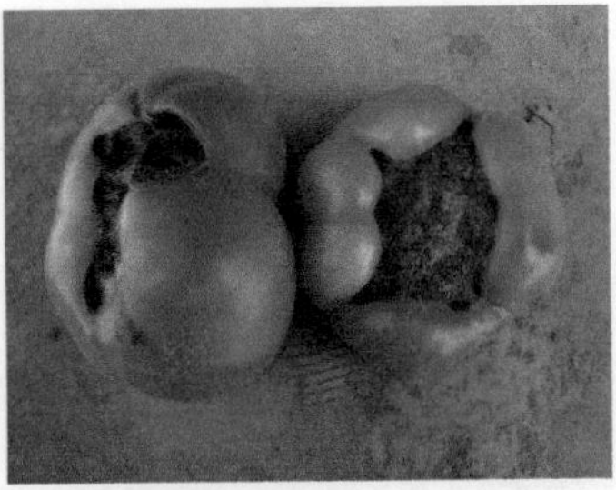

8. 番菊型茄畸形果

9. 番茄花瓣畸形果

10. 茄子畸形果

11. 番茄僵果

12. 辣椒日灼

13. 茄子僵果

14. 番茄绿果肩

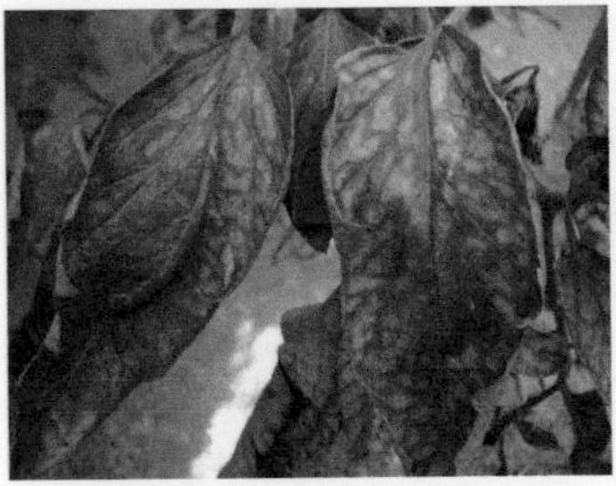

15. 番茄缺镁症状

16. 茄子缺镁

三、苗期病害

1. 黄瓜猝倒茎基缢缩

2. 黄瓜幼苗猝倒病

四、黄瓜病害

1. 直播黄瓜枯萎病病茎维管变褐

2. 嫁接黄瓜枯萎病茎部维管变褐

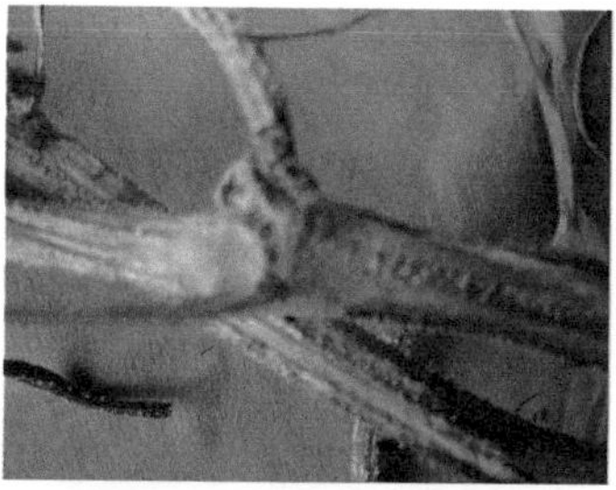

3. 黄瓜枯萎病茎节上有时出现红霉

4. 嫁接黄瓜接口不定根可感染枯萎病

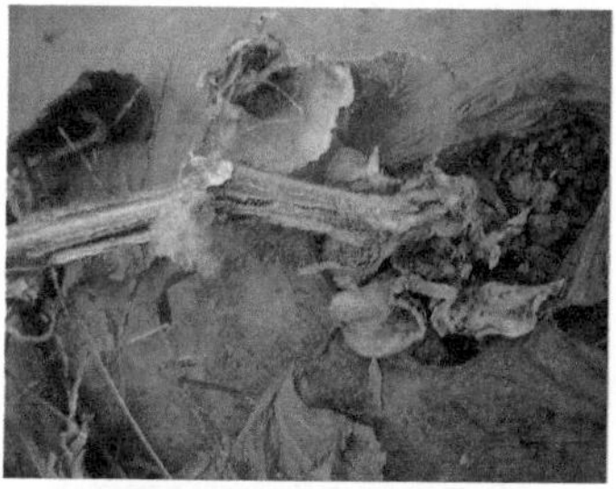

5. 嫁接黄瓜枯萎病病茎多从一侧感染

6. 黄瓜枯萎病病株初期

7. 黄瓜枯萎病枯死植株

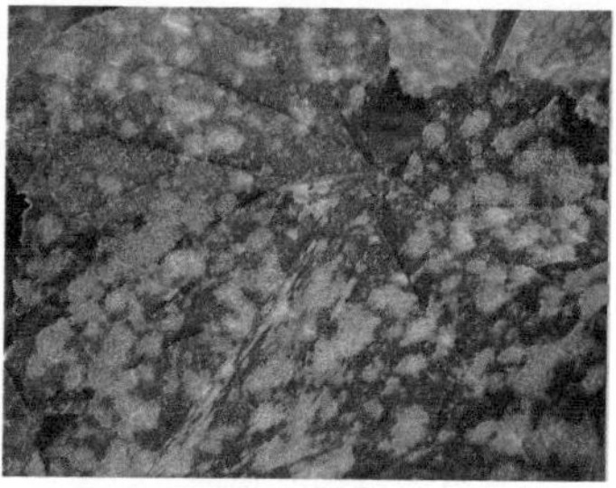

8. 黄瓜白粉病叶片

9. 黄瓜细菌性角斑病

10. 黄瓜细菌性叶枯病初期

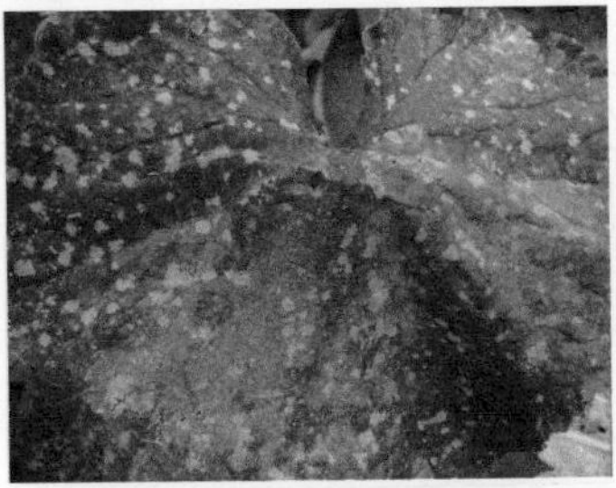

11. 黄瓜细菌性叶枯病中期

12. 黄瓜叶枯病病斑后期严重穿孔

13. 黄瓜霜霉病叶正面

14. 黄瓜霜霉病叶背霉层

15. 黄瓜灰霉病病瓜上的灰霉

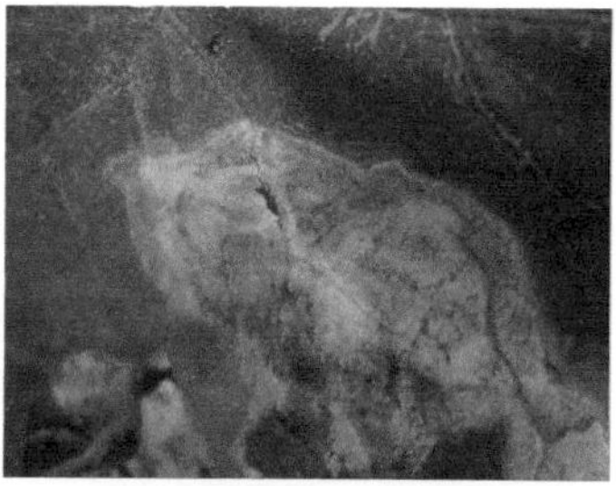
16. 黄瓜灰霉病病叶干枯

17. 黄瓜褐斑病叶背面

18. 黄瓜褐斑病叶正面

19. 黄瓜炭疽病病叶

20. 黄瓜黑星病病叶

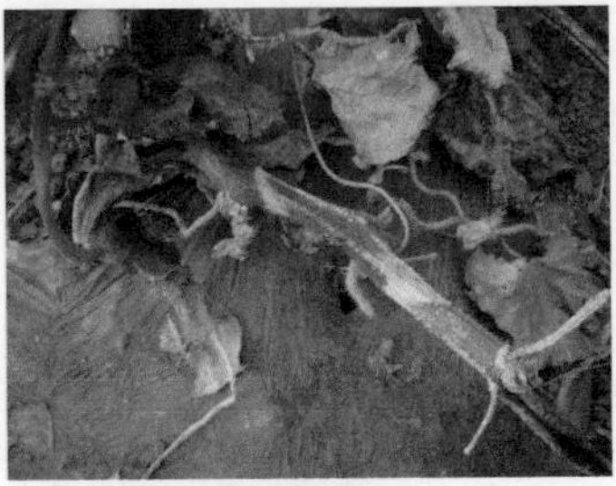

21. 黄瓜疫霉病病茎

22. 黄瓜茎节疫霉病干枯

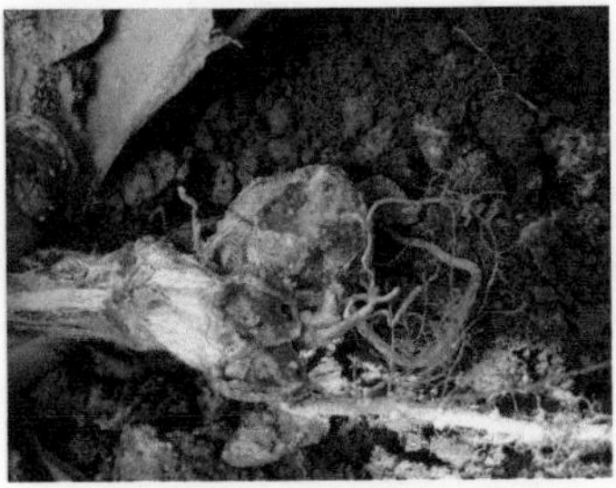

23. 黄瓜蔓枯病病茎维管正常

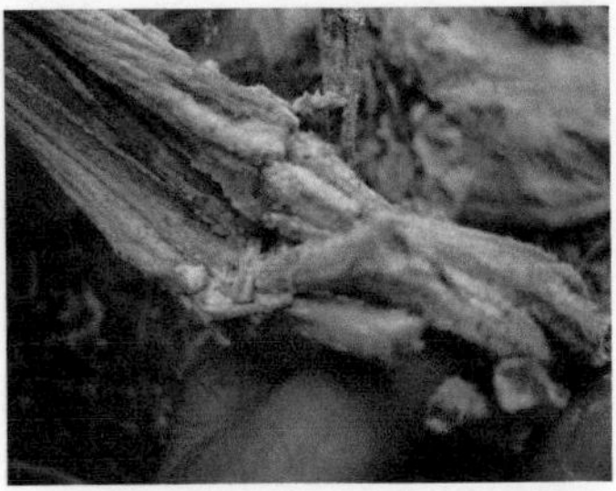

24. 黄瓜蔓枯病病茎破裂但维管不变色

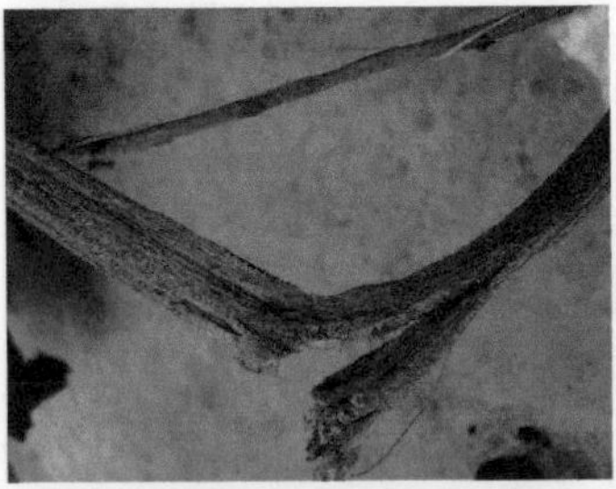

25. 黄瓜蔓枯病病茎出现裂缝

26. 黄瓜叶柄感染蔓枯病

27. 黄瓜茎基蔓枯病茎典型症状

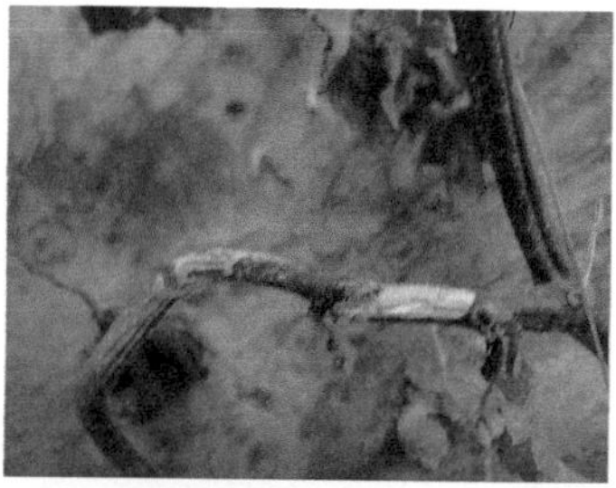
28. 黄瓜蔓枯病病蔓

29. 黄瓜花叶病毒病

30. 黄瓜花叶病毒病株

31. 黄瓜根腐病

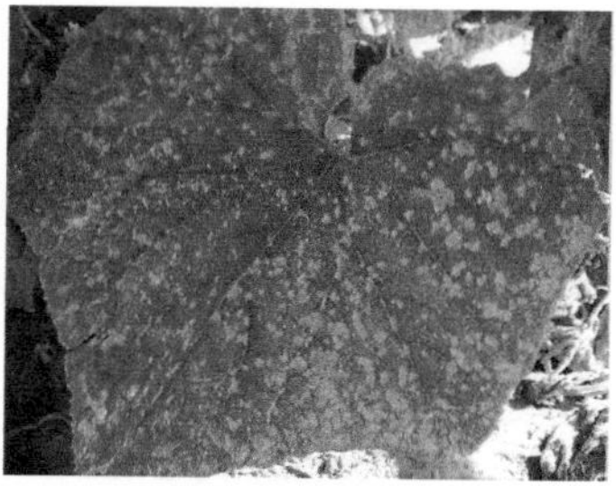
32. 黄瓜叶斑病病叶

五、西、甜瓜病害

1. 西瓜叶斑病

2. 甜瓜叶斑病

3. 甜瓜白粉病病叶

4. 甜瓜白粉病病茎

5. 甜瓜白粉病病瓜

6. 西瓜白粉病病瓜

7. 甜瓜炭疽病后期病斑破裂

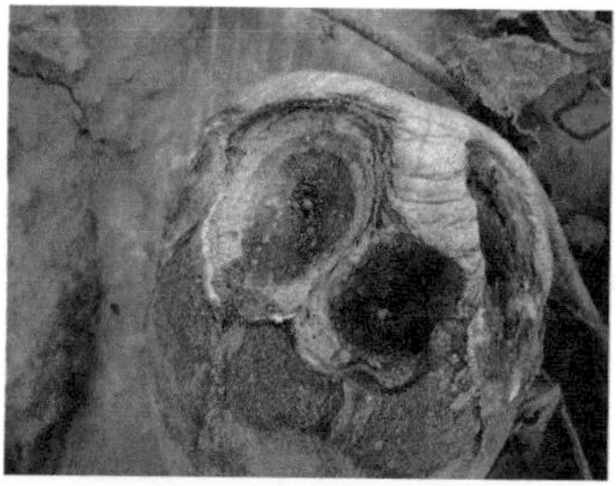

8. 薄皮甜瓜炭疽病病瓜后期症状

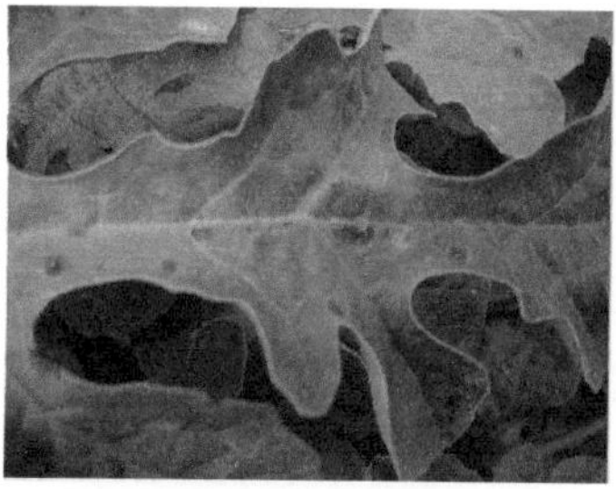

9. 西瓜炭疽病病叶初期

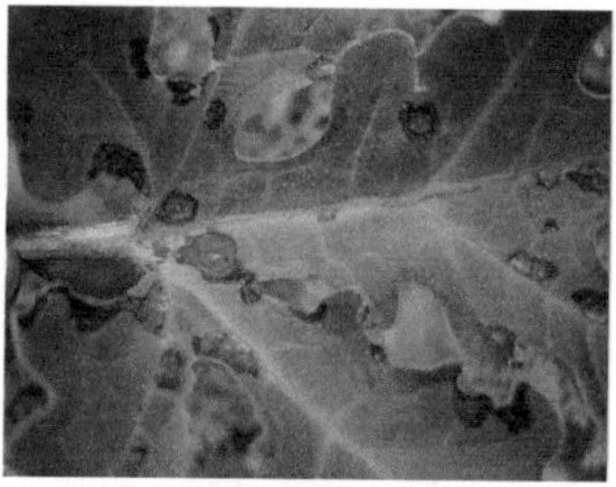

10. 西瓜炭疽病叶后期

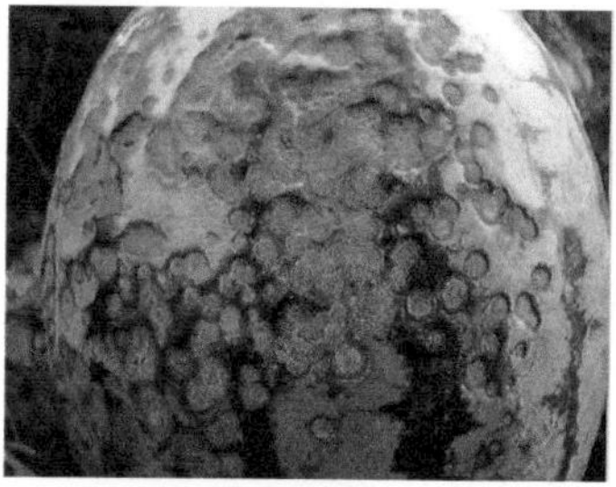

11. 西瓜炭疽病病瓜

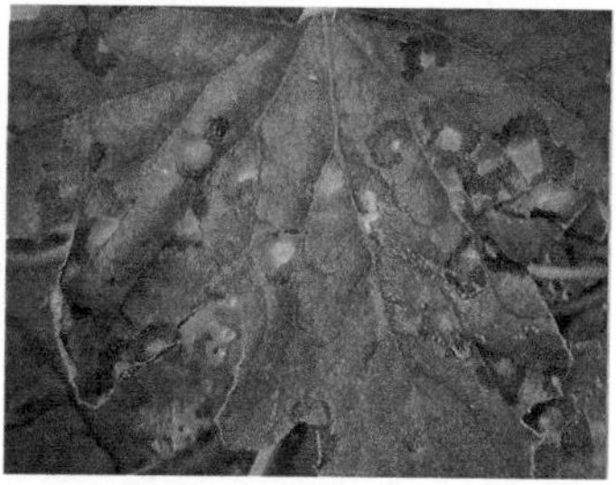

12. 甜瓜叶枯病病斑

13. 西瓜黑斑病病叶

14. 甜瓜日灼斑易感黑斑病

15. 西瓜枯萎病病根维管变褐

16. 西瓜枯萎病初期流胶

17. 西瓜枯萎病蔓裂缝

18. 西瓜枯萎病多在果实开始膨大期表现

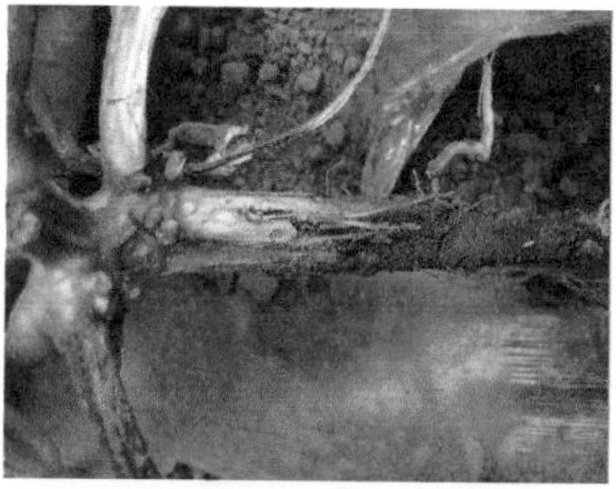

19. 甜瓜枯萎病病根后期腐烂

20. 薄皮甜瓜蔓枯病病茎出现流胶

21. 薄皮甜瓜蔓枯病病茎变黑褐

22. 西瓜疫病病叶腐软

23. 甜瓜疫病病叶

24. 甜瓜疫病病瓜

25. 西瓜褐色腐败病病瓜上出现褐色

26. 西瓜裂果

27. 西瓜脐腐果病初期

28. 西瓜脐腐果后期病变

29. 甜瓜花叶病毒病叶

30. 甜瓜病毒病皱缩叶

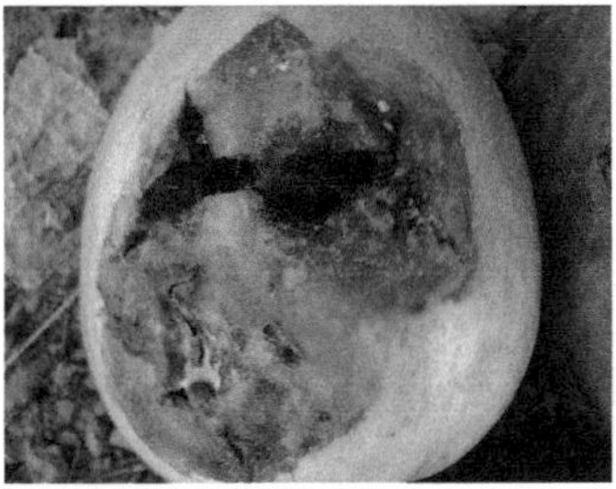

31. 薄皮甜瓜果腐病

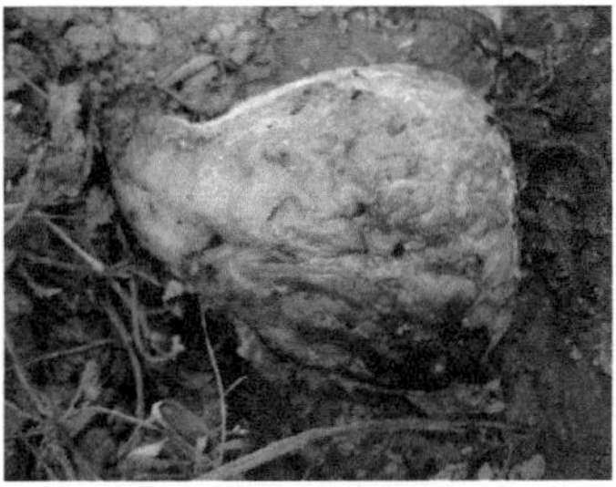

32. 薄皮甜瓜软腐病病瓜

六、西葫芦病害

1. 西葫芦花叶病毒病株

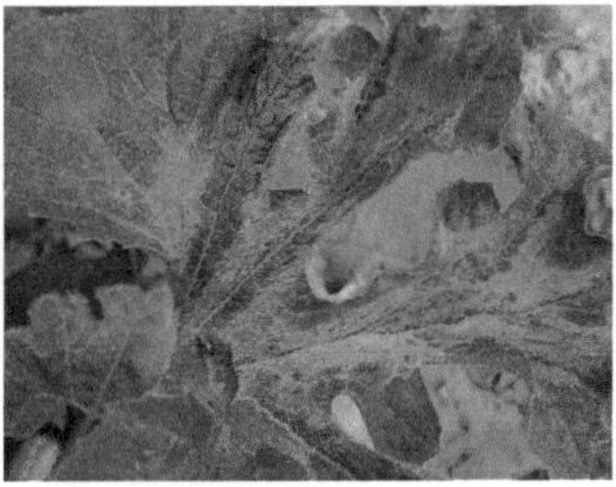

2. 西葫芦花叶病毒叶片

3. 西葫芦果实感染病毒病初期

4. 西葫芦病毒病病瓜后期

5. 西葫芦细菌性叶枯病初期

6. 西葫芦细菌性叶枯病后期病斑周围变褐叶缘卷枯

7. 西葫芦蔓枯病病茎

8. 西葫芦褐腐病幼瓜

七、南瓜病害

1. 南瓜白粉病病叶

2. 南瓜白粉病田间症状

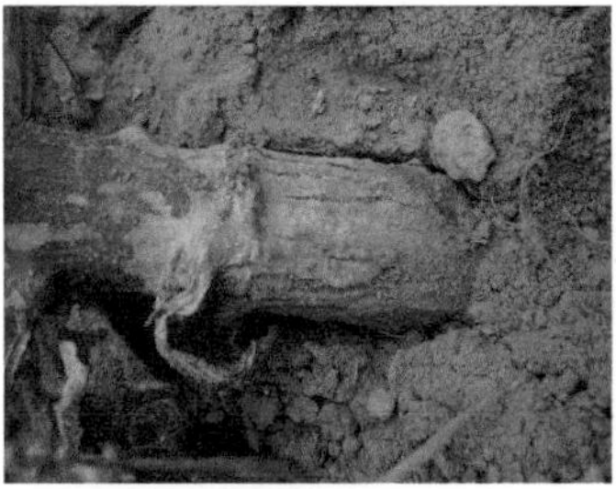

3. 南瓜茎基蔓枯病

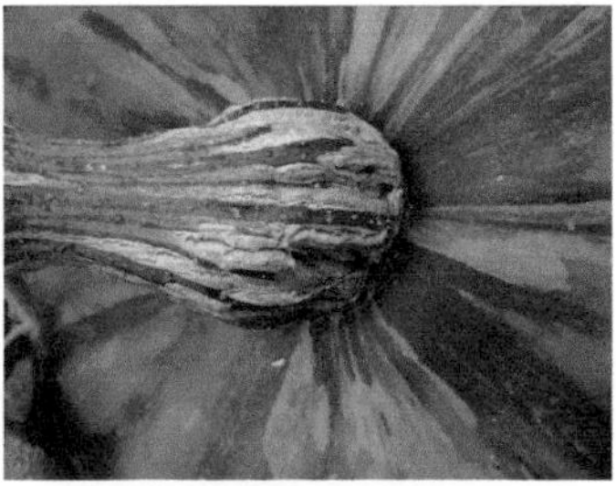

4. 南瓜瓜柄感染蔓枯病

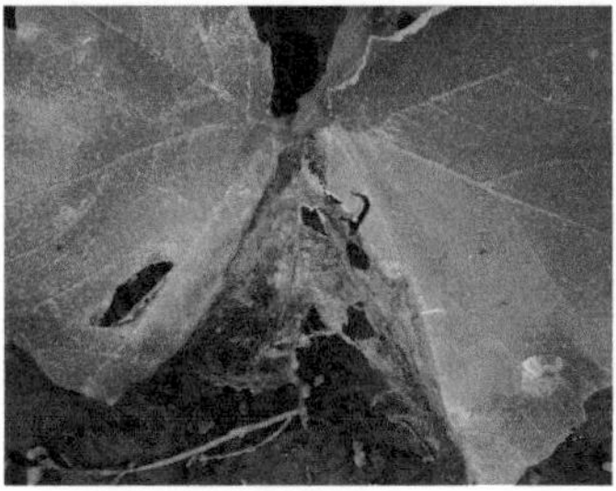

5. 南瓜蔓枯病病叶

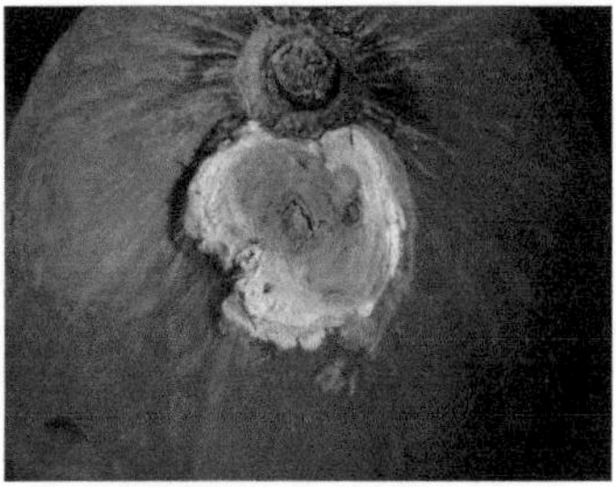

6. 南瓜果实蔓枯病病斑

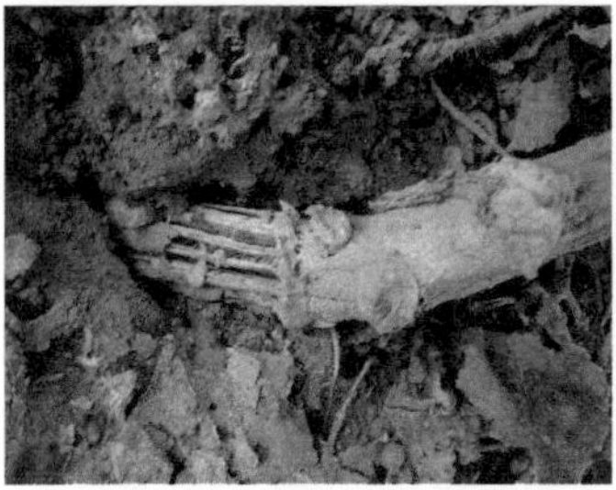

7. 南瓜蔓枯病后期茎基呈麻丝状

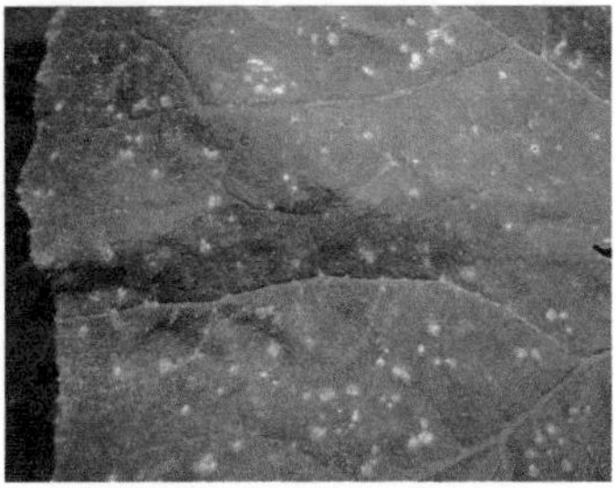

8. 南瓜斑点病病斑初期症状

9. 南瓜霜霉病叶背霉层

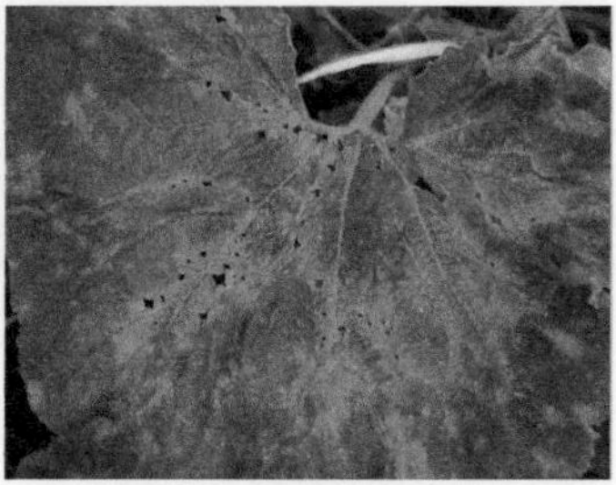

10. 南瓜黑星病叶正面

11. 南瓜黑星病叶背面

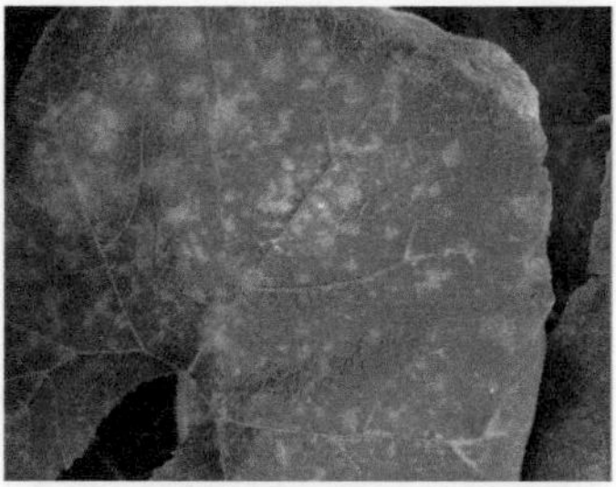

12. 南瓜黑星病病叶初期污绿斑

13. 南瓜疫病病瓜

14. 南瓜疫病病茎

15. 南瓜梢端化叶病毒病病叶

16. 南瓜病毒病瓜

八、番茄病害

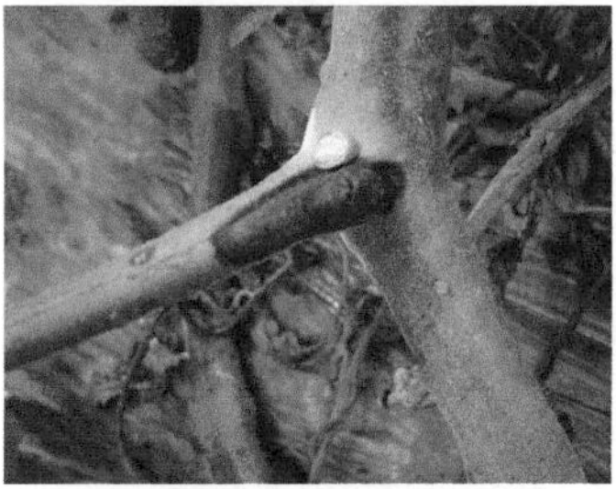

1. 湿时番茄分枝叉处易感早疫病病斑有黑霉

2. 番茄叶柄处早疫病病斑

3. 番茄早疫病病花

4. 番茄早疫病田间症状中下叶片严重

5. 番茄早疫病病叶

6. 番茄果蒂感染早疫病病果

7. 番茄灰霉病病果后期干缩

8. 番茄茎秆感染灰霉病

9. 番茄叶霉病病株

10. 番茄叶霉病叶正面

11. 番茄病毒病卷叶型

12. 番茄病毒病蕨叶型

13. 番茄蕨叶型病毒病株

14. 番茄条斑型病毒病症状

15. 番茄条斑病毒病条斑病果畸形

16. 番茄条斑病毒病果实出现坏死斑

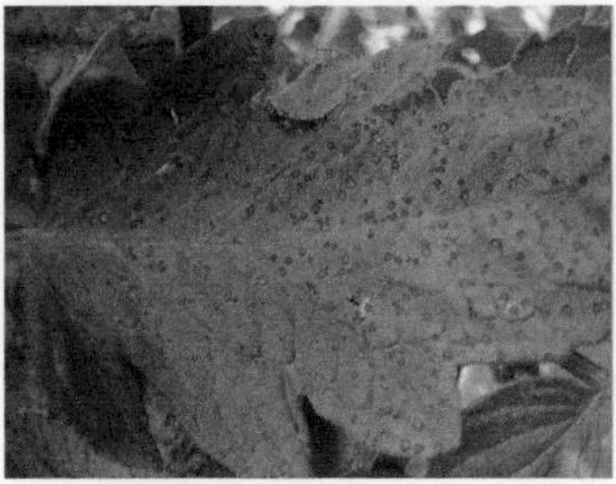

17. 番茄斑枯病病叶

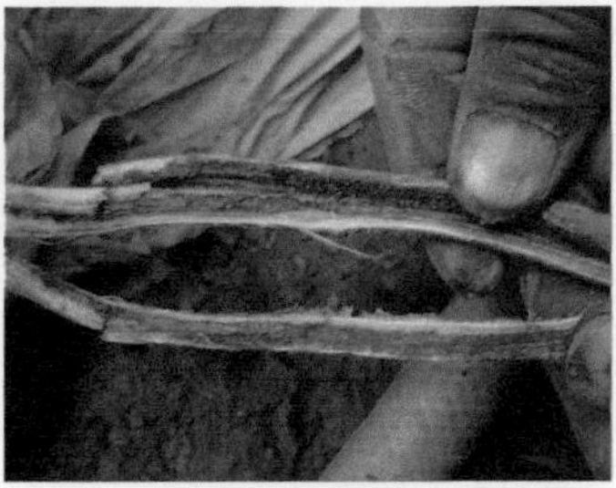

18. 番茄溃疡病病茎纵剖面症状

19. 番茄溃疡病茎部病斑初期产生裂口

20. 番茄枯萎病病株

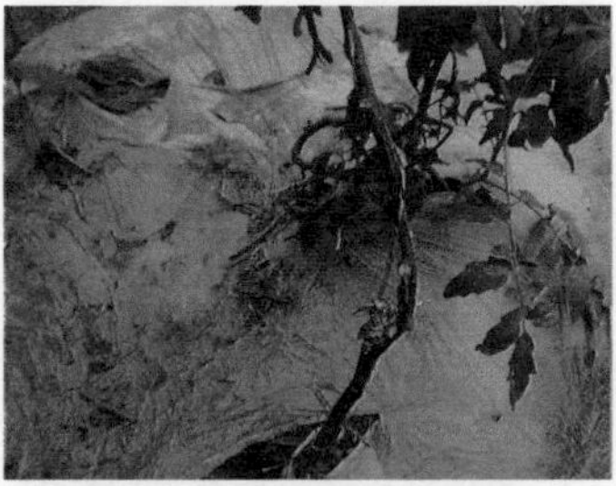

21. 番茄枯萎病病株下部症状

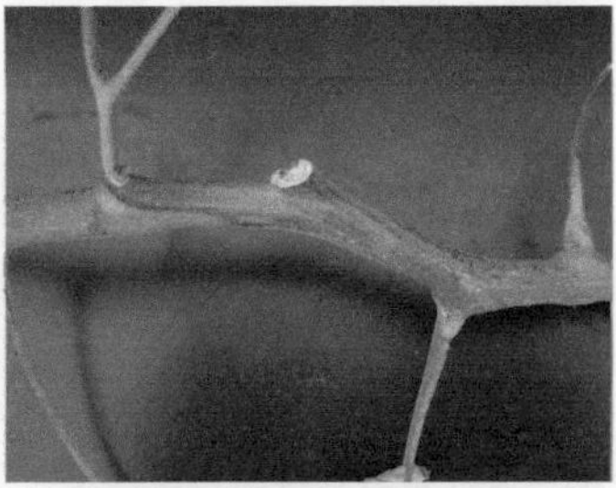

22. 番茄枯萎病茎部病斑多在一侧

23. 番茄绵疫病病果后期

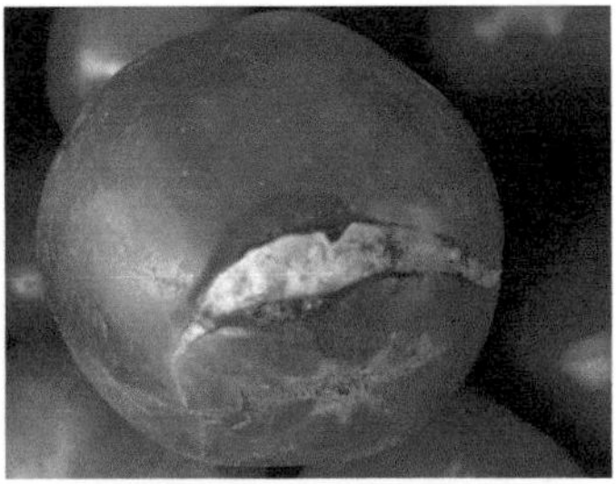

24. 番茄绵腐病病果初期产生白色棉絮状

25. 番茄绵腐病病果后期症状

26. 番茄疫霉根腐病

27. 番茄移栽后的大苗茎基腐病

28. 番茄茎枯病椭圆形病斑

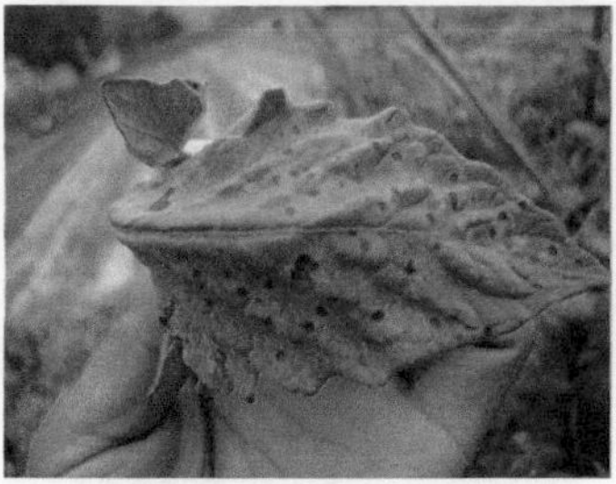

29. 番茄褐斑病病叶（芝麻斑）

30. 番茄斑点病病叶上的坏死斑

31. 番茄斑点病病果

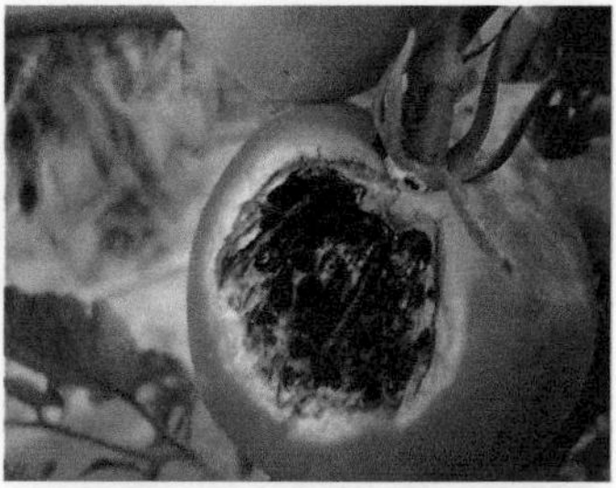

32. 番茄灰叶斑病危害果实引起的果腐

33. 番茄灰斑病病叶

34. 番茄灰斑病典型病斑

35. 番茄圆纹病病斑

36. 番茄炭疽病

37. 番茄细菌性斑点病（斑疹病、叶斑病）

38. 番茄软腐病病果

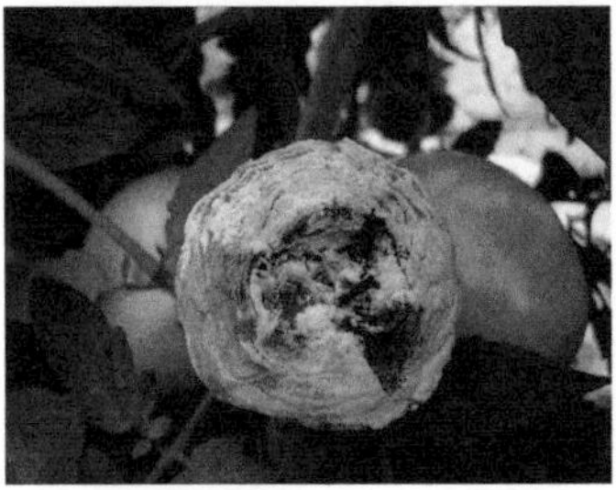

39. 番茄红粉病

40. 番茄酸腐病病果

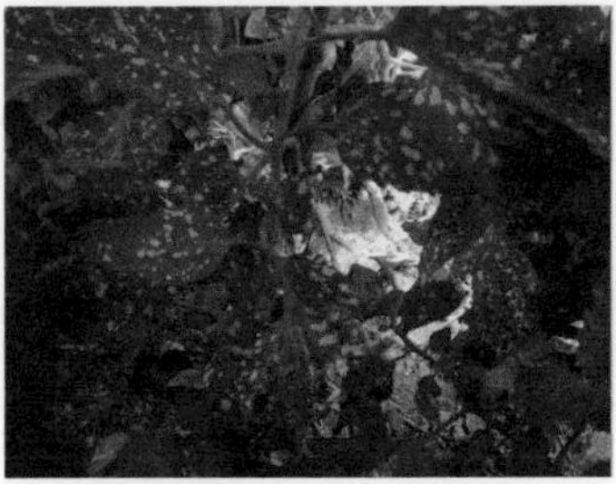

41. 番茄细菌性叶枯病病株

42. 番茄细菌性叶枯病后期穿孔

九、辣椒病害

1. 辣椒病毒病株呈现节间缩短丛枝状

2. 辣椒病毒病叶片坏死型病斑

3. 辣椒病毒病坏死型茎秆上条斑

4. 辣椒坏死型病毒病果实上的坏死条斑

5. 辣椒花叶病毒株

6. 辣椒白粉病初期叶正面

7. 辣椒白粉病初期叶背面白粉斑

8. 辣椒白粉病病株

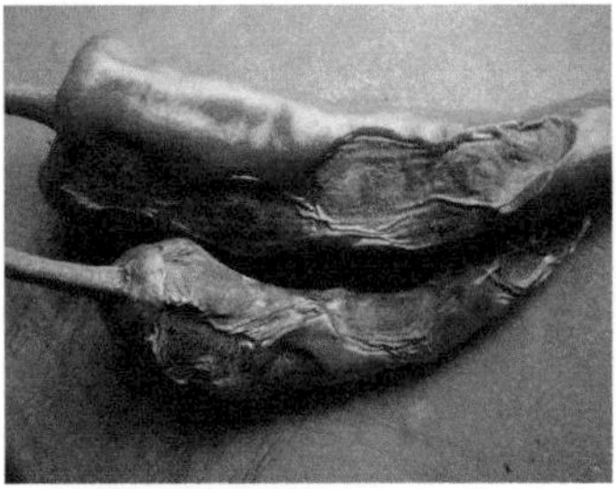
9. 辣椒炭疽病病果

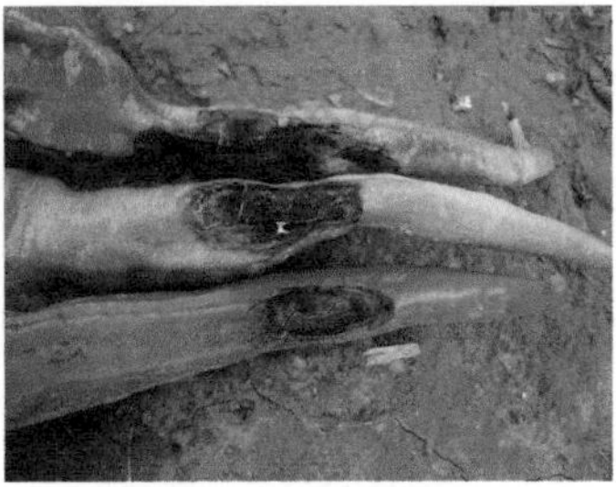
10. 辣椒黑色炭疽病病果

11. 辣椒疫病茎部分杈处变褐

12. 辣椒疫病病叶

13. 辣椒果实疫病

14. 辣椒疮痂病病初叶背病斑隆起

15. 辣椒疮痂病病初叶正面

16. 辣椒疮痂病病叶

17. 辣椒青枯病病茎维管变色

18. 辣椒枯萎病株后期

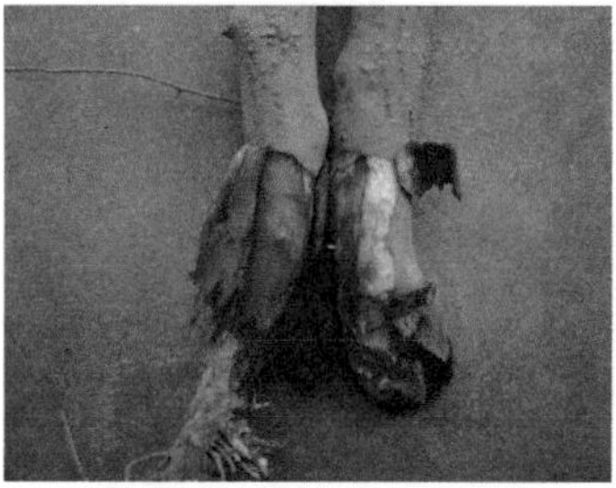

19. 辣椒枯萎病茎基皮层腐烂易剥离

20. 辣椒枯萎病根茎维管变褐

21. 辣椒细菌性叶斑病病叶初期

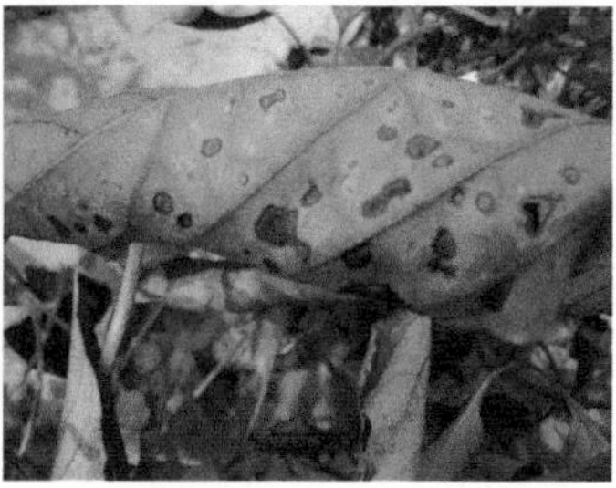

22. 辣椒细菌性叶斑病病叶后期

23. 辣椒褐斑病病叶

24. 辣椒褐斑病病斑

25. 辣椒虫口引起软腐病病果

26. 辣椒软腐病果实后期果皮干缩

27. 辣椒软腐病病果田间症状

28. 辣椒霜霉病病叶背白霉

29. 辣椒根腐病根

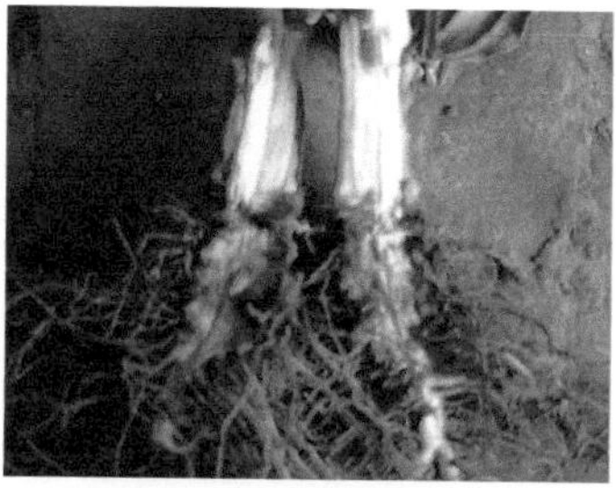

30. 辣椒根腐病限于根部

十、茄子病害

1. 茄子绵疫病病果初期

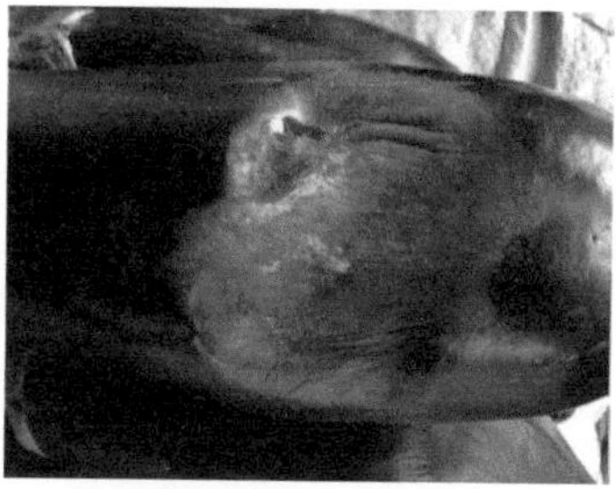

2. 茄子绵疫病干燥下的病果

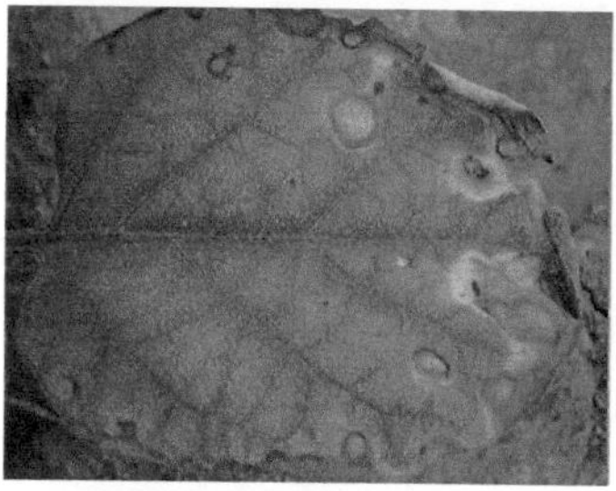

3. 茄子褐纹病病叶

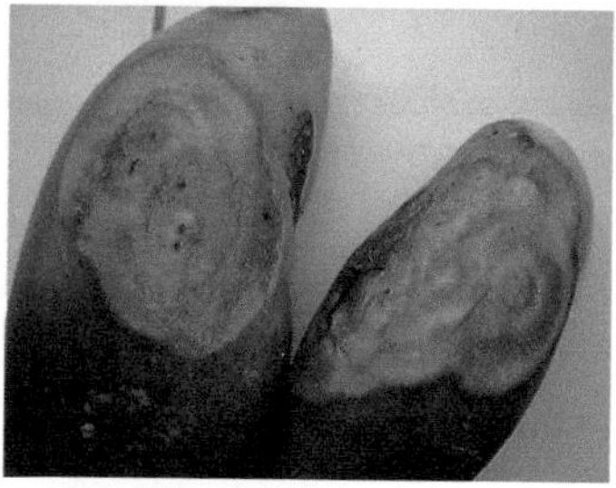

4. 茄子褐纹病病果

5. 茄子黄萎病枯萎型病株

6. 茄子矮化黄斑型黄萎病

7. 茄子黄萎病病初期

8. 茄子黄萎病分枝处维管变褐

9. 茄子黄萎病茎部维管束变褐

10. 茄子黄萎病病茎皮层易剥离

11. 茄子白粉病病叶

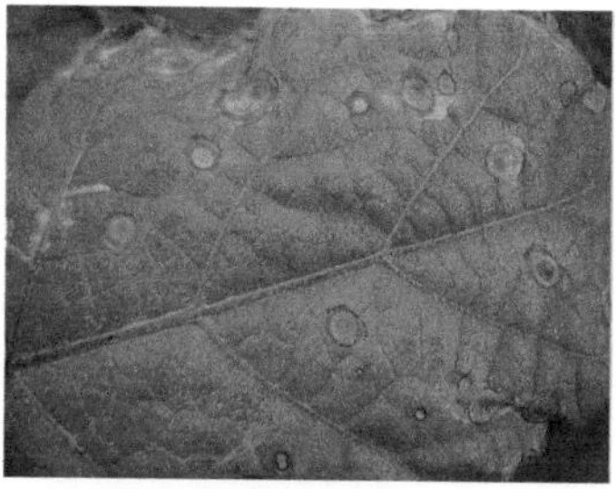

12. 茄子早疫病病叶

13. 湿度大时茄子早疫病病叶有黑霉

14. 茄子茄链格孢早疫病病叶

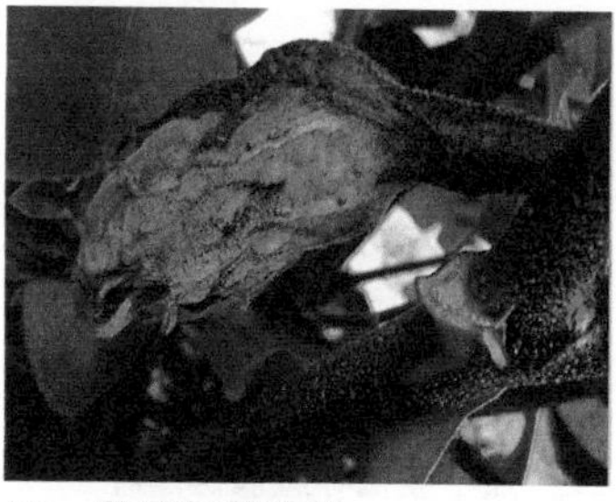

15. 茄子灰霉病果

16. 茄子根腐病病株

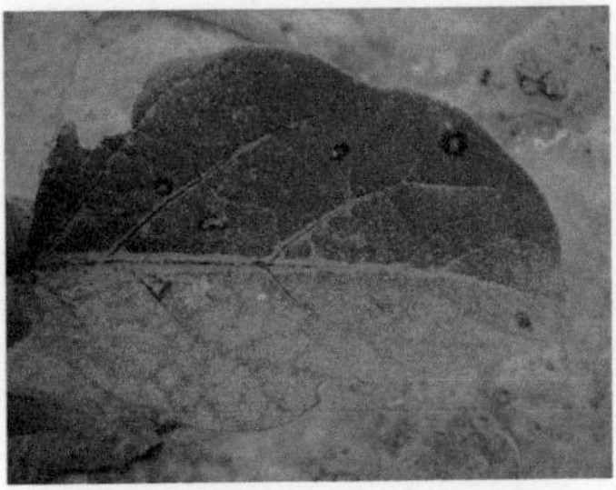

17. 茄子棒孢叶斑病个别病斑

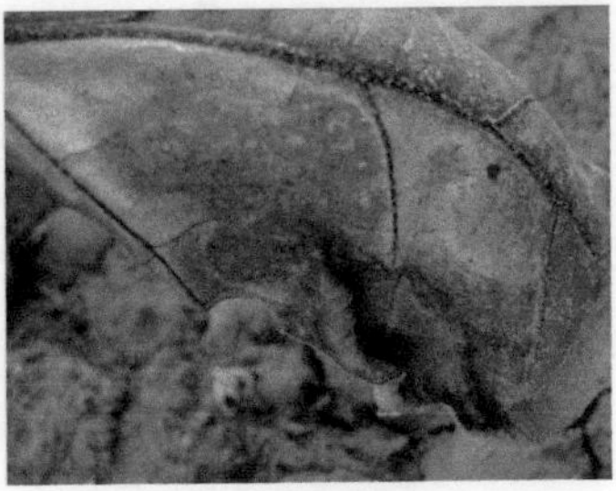

18. 茄子细菌性褐斑病

19. 茄子斑驳化病毒病病叶

20. 茄子斑萎病毒病叶

21. 茄子花叶病毒病株

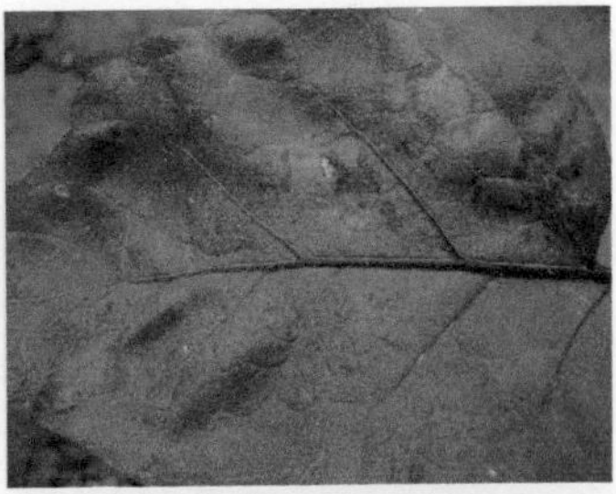

22. 茄子紫褐坏斑病毒病叶

23. 茄子枯萎病病株

24. 茄子枯萎病茎部维管束变褐

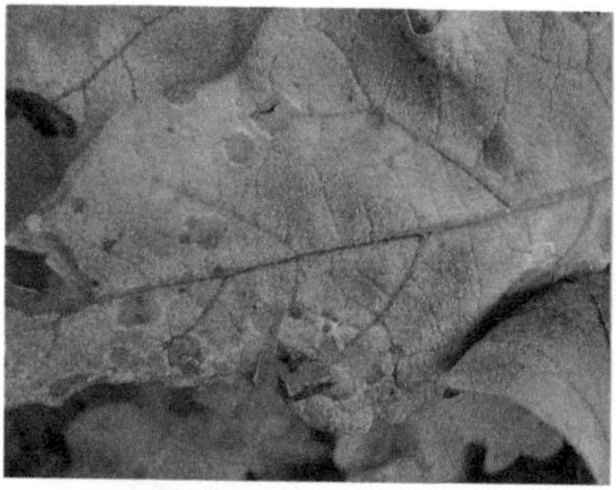

25. 茄子褐轮纹病叶

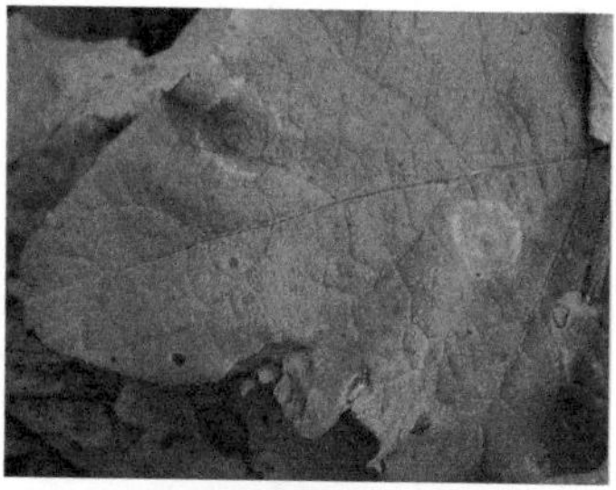

26. 茄子褐轮纹病典型病斑

27. 茄子红粉病

28. 茄子根霉果腐

十一、芹菜病害

1. 芹菜斑枯病病叶小斑(叶枯病)

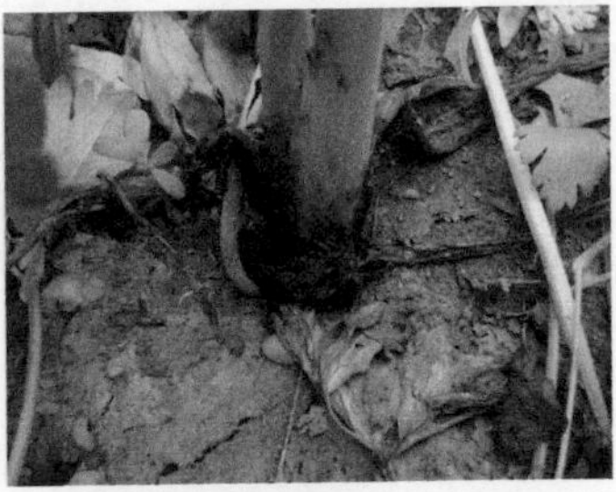

2. 芹菜软腐病病株

3. 芹菜根茎部感染的软腐病

4. 芹菜叶柄感染软腐病

5. 芹菜花叶病毒

6. 芹菜蕨叶病毒

十二、菠菜病害

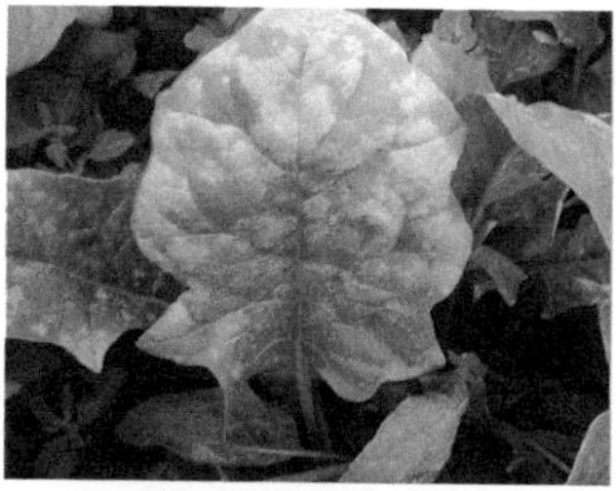

1. 菠菜霜霉病病叶正面

2. 菠菜霜霉病病叶背面灰霉层

十三、油麦菜病害

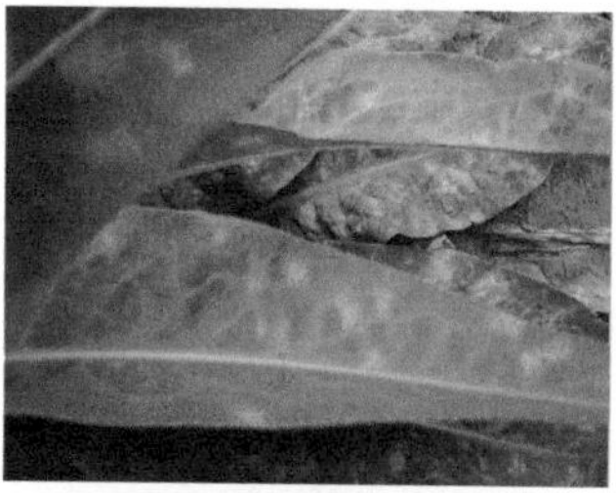

1. 油麦菜霜霉病病叶正面

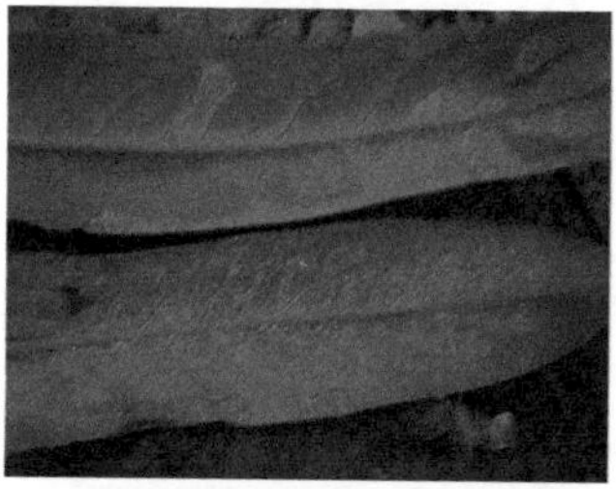

2. 尖叶油麦菜霜霉病叶背白色霉层

十四、苋菜病害

1. 苋菜白锈病叶正面

2. 苋菜白锈病叶背面的白色疱斑

十五、莴笋病害

莴笋黑斑病（轮纹病）

十六、菜豆病害

1. 菜豆锈病病叶背面

2. 菜豆锈病病叶夏孢子堆

3. 菜豆炭疽病病斑

4. 菜豆花叶病毒

5. 菜豆细菌性疫病叶片上的症状

6. 菜豆轮纹病病叶

7. 菜豆菌核病病症

8. 菜豆菌核病茎内菌核

9. 菜豆根腐病株

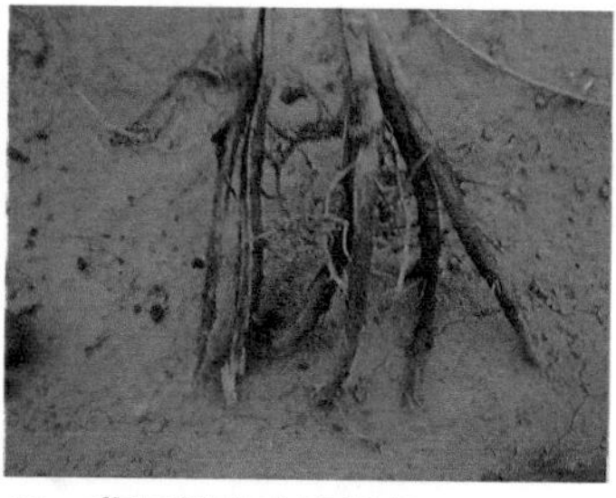

10. 菜豆根腐病易拔起

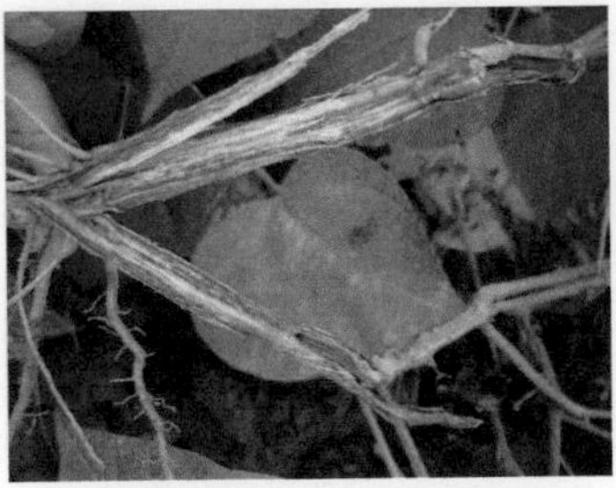
11. 菜豆枯萎病茎部维管变褐

12. 菜豆角斑病病叶上多角黄褐斑

13. 菜豆细菌性晕疫病

14. 菜豆黑斑病

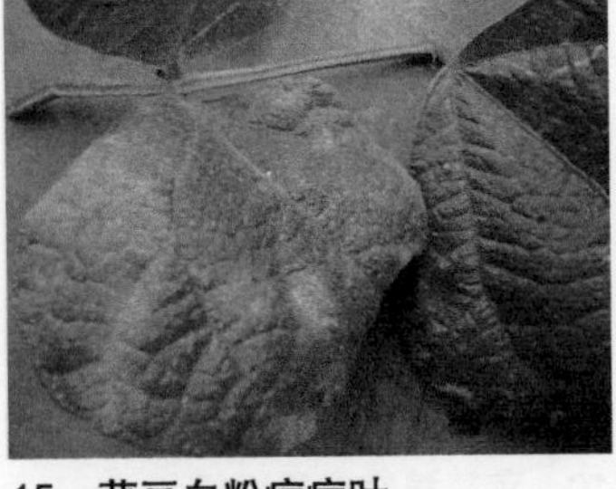
15. 菜豆白粉病病叶

16. 豇豆疫病病叶

17. 豇豆红斑病病叶叶背

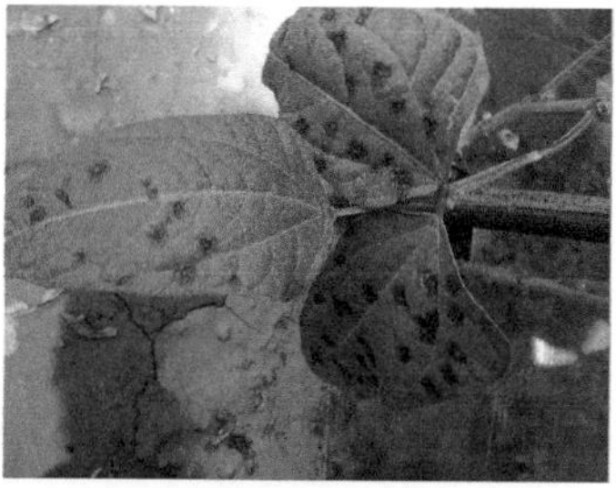
18. 豇豆红斑病叶正面

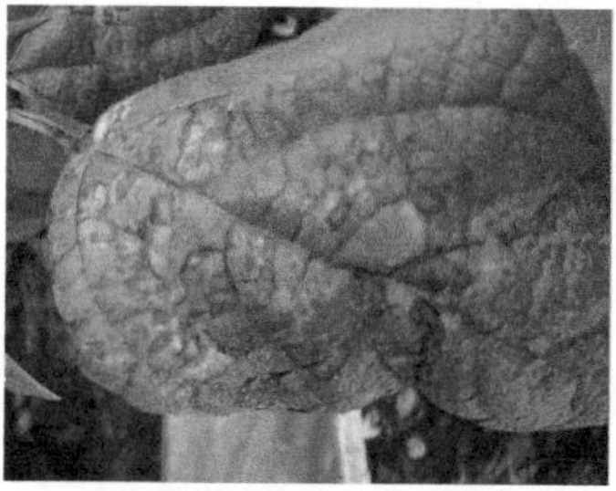
19. 豇豆斑枯病

20. 菜用大豆霜霉病叶正面

十七、大白菜病害

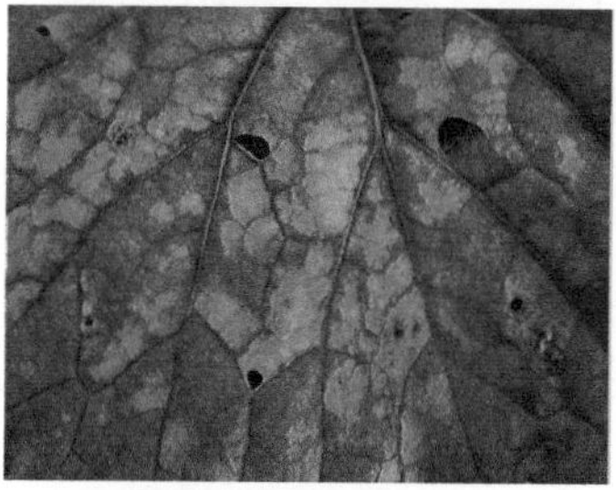
1. 大白菜霜霉病病叶正面

2. 大白菜霜霉病叶背霉层

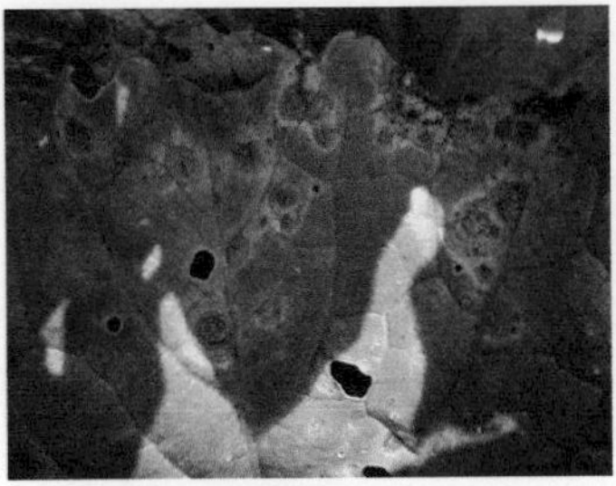
3. 大白菜类黑斑病

4. 大白菜结球外叶黑斑病

5. 大白菜白斑病

6. 大白菜叶柄上炭疽病病斑

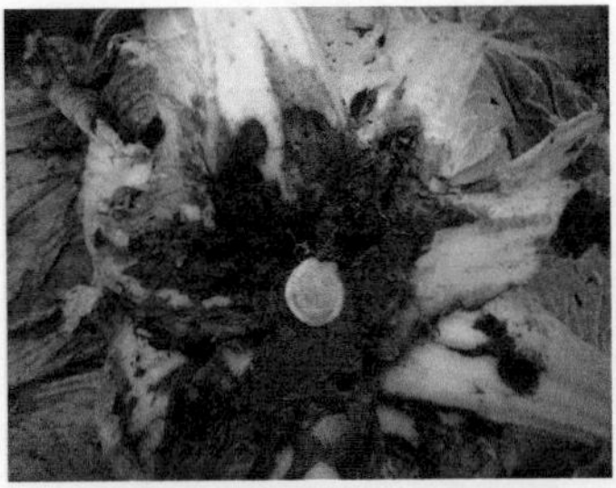
7. 大白菜褐腐病病斑引起腐烂

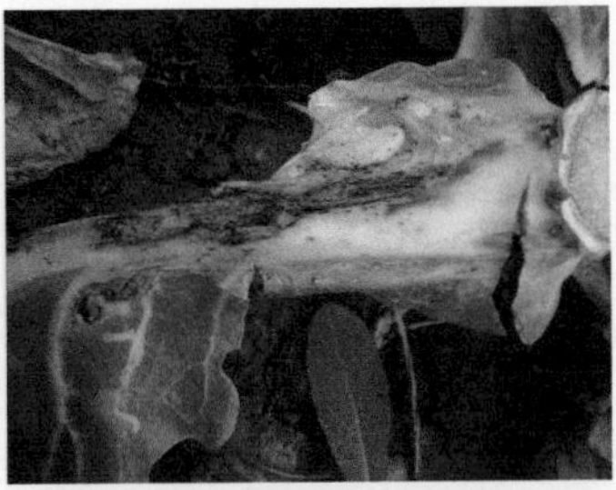
8. 大白菜叶脉感染黑腐病

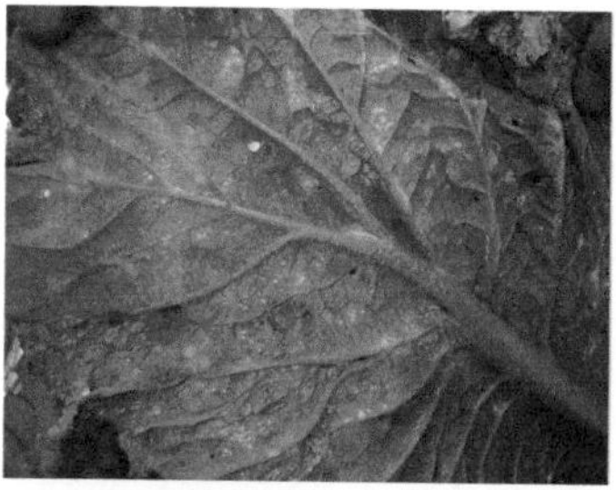

9. 大白菜白锈病

10. 白菜类白锈病病叶背初期

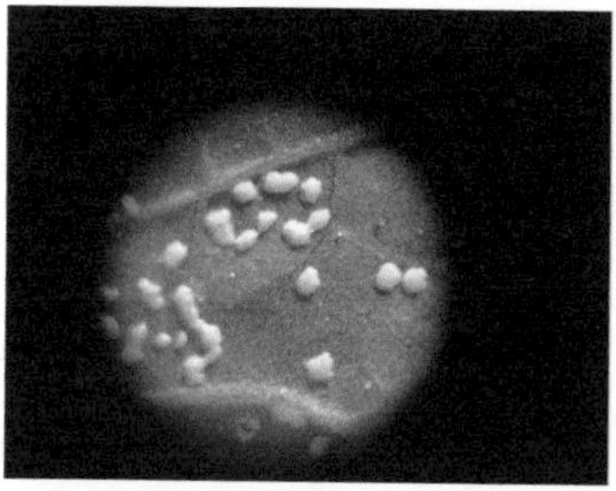

11. 白锈病病斑放大

12. 大白菜花叶病毒病病叶

十八、甘蓝病害

1. 甘蓝黑腐病病叶初期

2. 结球甘蓝黑腐病叶缘 v 形斑

3. 紫甘蓝软腐病

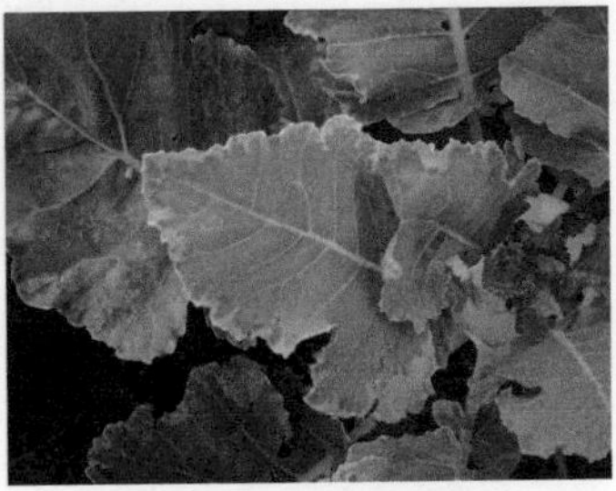

4. 球茎甘蓝花叶病毒病株

5. 甘蓝苗期花叶病毒病株

6. 甘蓝类病毒病叶

7. 甘蓝黑斑病病叶

8. 甘蓝根朽病病株萎蔫

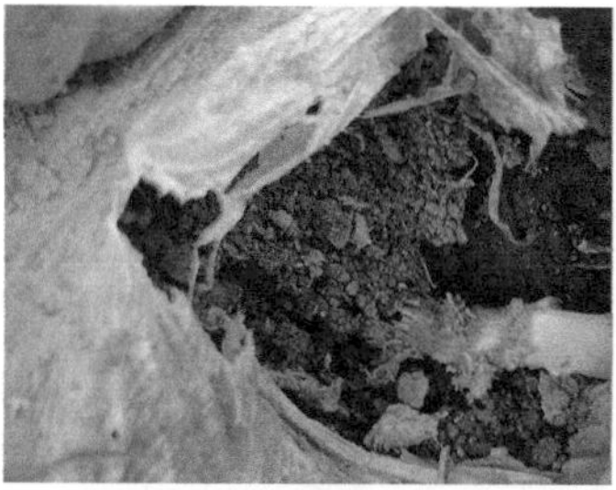

9. 甘蓝根朽病病根

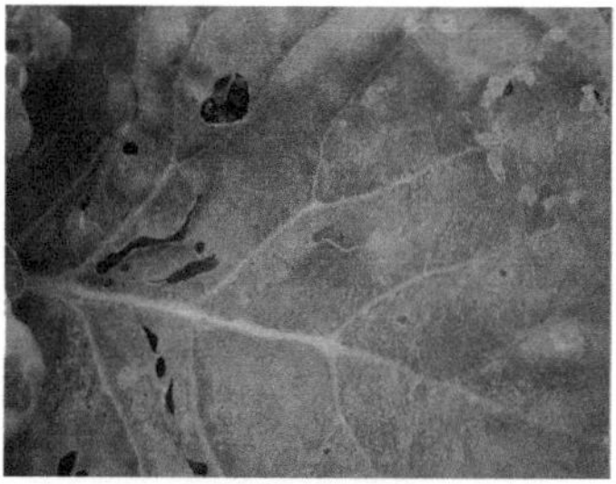

10. 甘蓝霜霉病叶正面

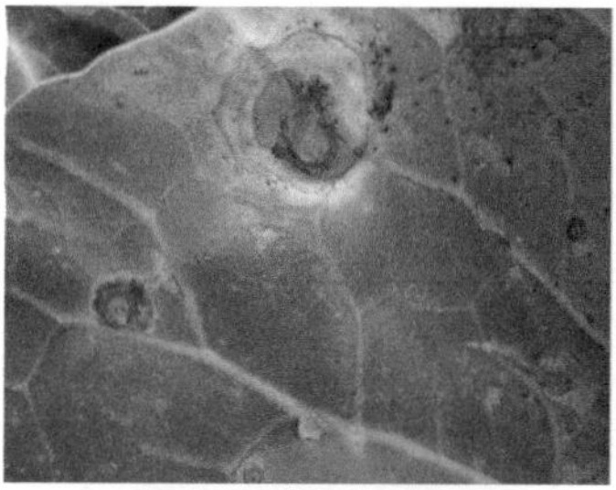

11. 甘蓝细菌性黑斑病病叶上的大斑

12. 结球甘蓝结球外叶细菌性黑斑病

十九、大葱病害

1. 大葱苗畦中霜霉病叶

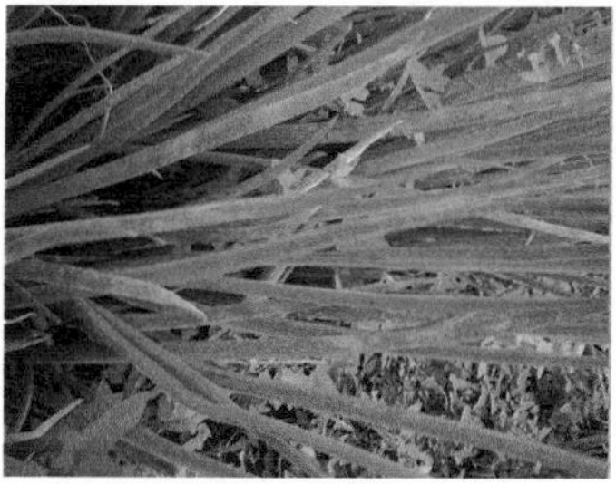

2. 大葱苗期霜霉病病叶

3. 大葱霜霉病叶干枯

4. 大葱紫斑病初期病斑

5. 大葱紫斑病中期病斑

6. 大葱紫斑病后期病叶

二十、大蒜病害

1. 大蒜紫斑病病叶

2. 大蒜叶枯病病叶

3. 大蒜叶枯病条斑典型症状

4. 大蒜灰叶斑病初期病叶

二十一、韭菜病害

韭菜干尖病病叶

二十二、萝卜病害

1. 萝卜霜霉病叶正面

2. 萝卜霜霉病叶背霉层

3. 萝卜根头感染黑腐病

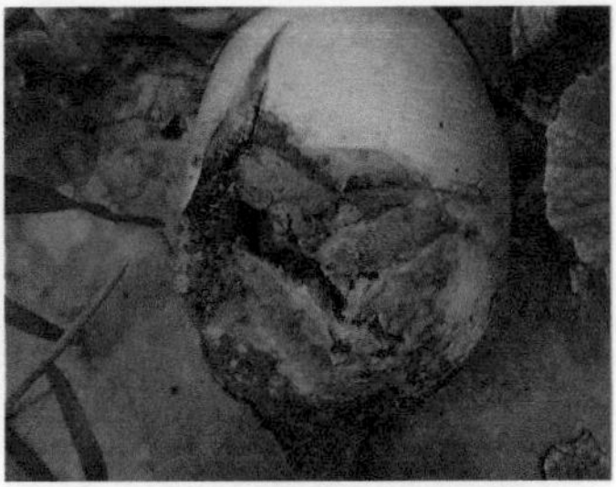

4. 萝卜黑腐和软腐混和感染

5. 萝卜根头感软腐病

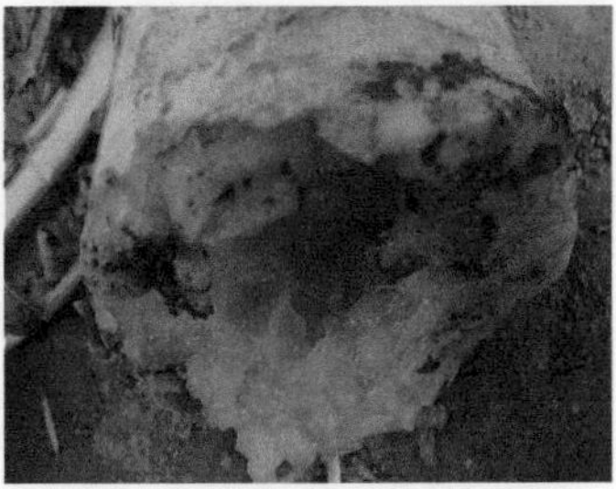

6. 萝卜肉质根下部感染软腐病

7. 萝卜黑斑病病叶

8. 萝卜肉质根根头黑斑病

9. 萝卜白锈病后期病叶叶背

10. 萝卜白锈病后期病叶正面

11. 萝卜白锈病散出的白粉

12. 萝卜病毒病

二十三、胡萝卜病害

1. 胡萝卜黑斑病

2. 胡萝卜黑腐病

3. 胡萝卜细菌性软腐病

4. 胡萝卜蕨叶病毒

5. 胡萝卜花叶病毒病株

6. 胡萝卜花叶病毒病叶

7. 胡萝卜根腐病

8. 胡萝卜白粉病

二十四、马铃薯病害

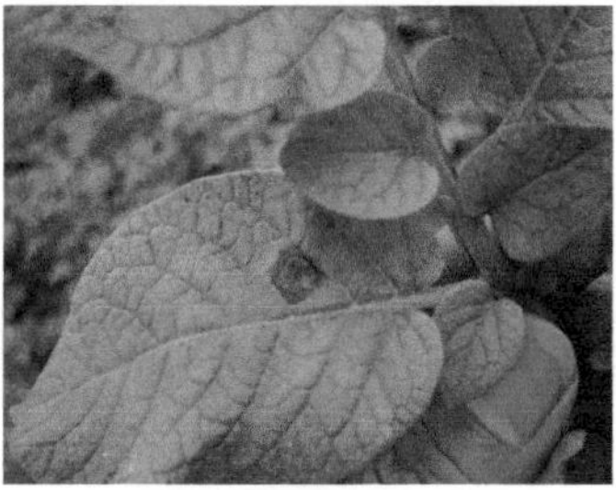

1. 马铃薯早疫病病叶

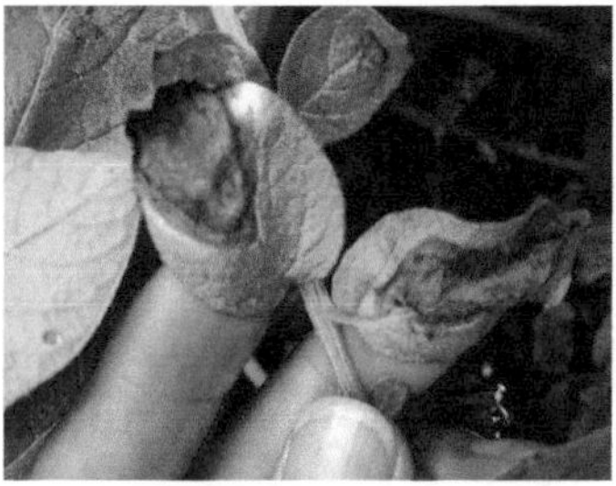

2. 马铃薯晚疫病病叶

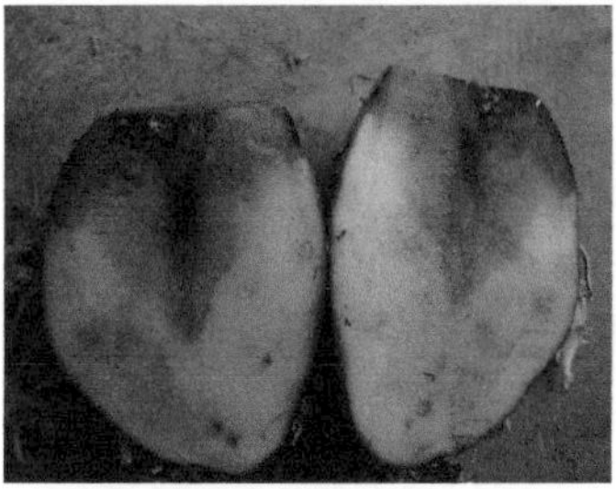

3. 马铃薯晚疫病薯块

4. 马铃薯晚疫病病茎

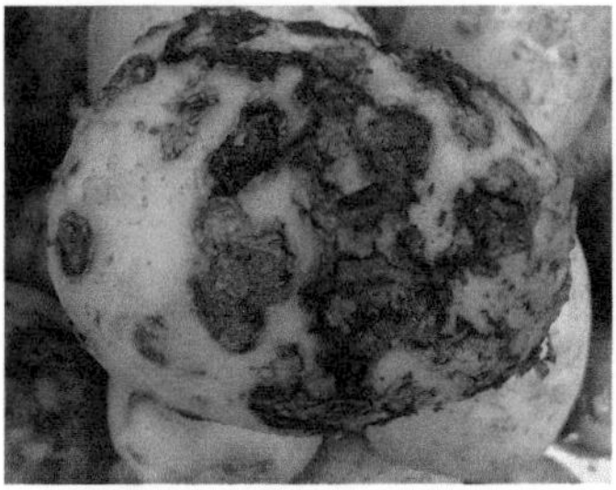

5. 马铃薯粉痂病

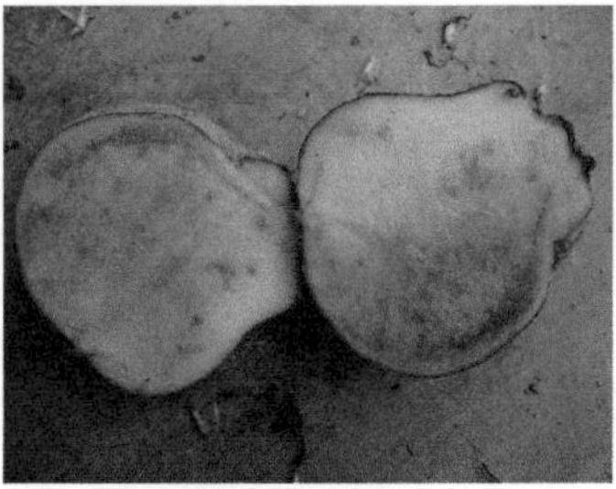

6. 马铃薯薯块环腐病

7. 马铃薯坏死病毒病

8. 马铃薯小叶花叶病毒病株

9. 马铃薯青枯病病株

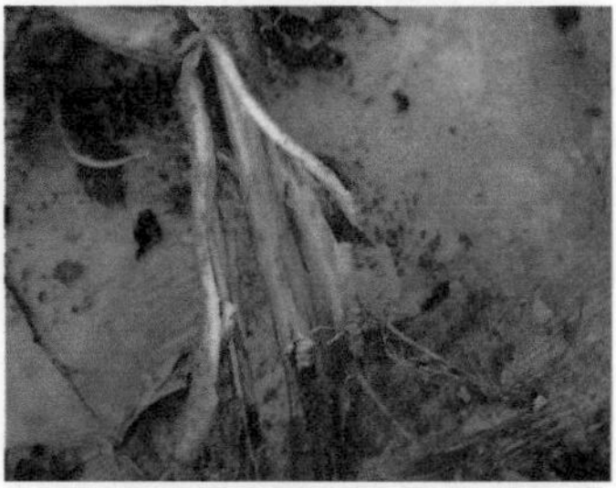

10. 马铃薯青枯病茎部维管变褐

二十五、黄花菜病害

1. 黄花锈病病叶初期

2. 黄花锈病病叶后期

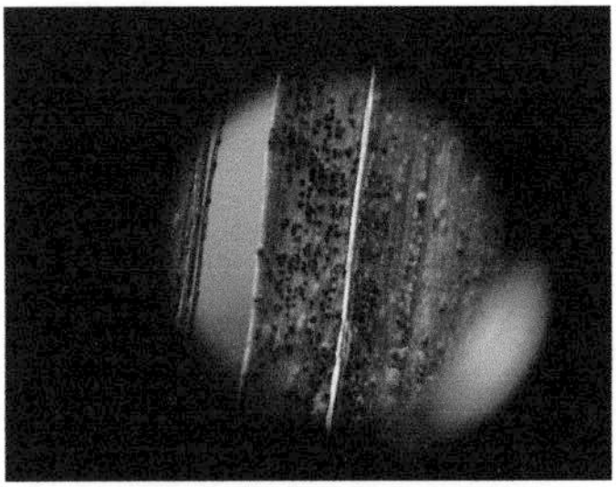

3. 黄花锈病冬孢子堆为黑色

4. 黄花花苔锈病症状

5. 黄花叶斑病

6. 黄花叶枯病初期症状

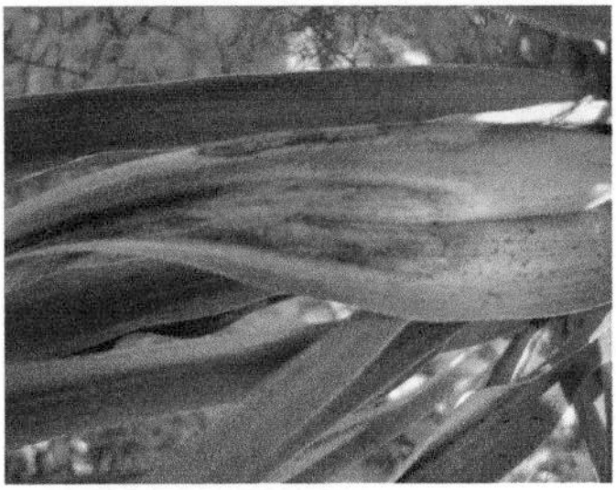

7. 黄花叶枯病中期

8. 黄花叶枯病后期

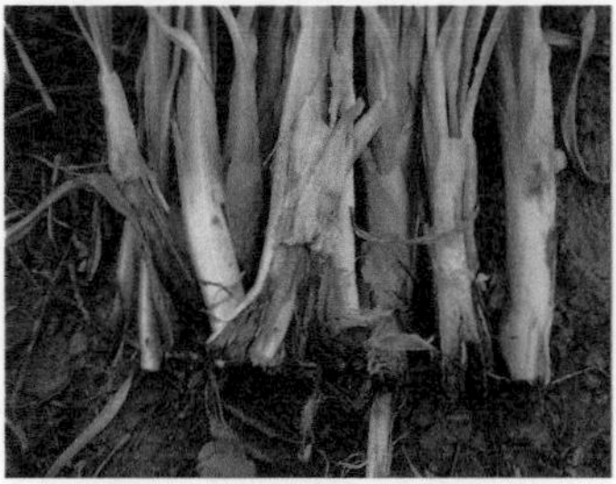
9. 黄花白绢病叶鞘基腐烂状

10. 黄花短缩茎变褐

11. 黄花茎基腐烂易招来蛴螬

12. 黄花褐斑病

13. 黄花黄叶病

14. 黄花黄叶病先从叶鞘基部出现褐色小斑

二十六、虫害

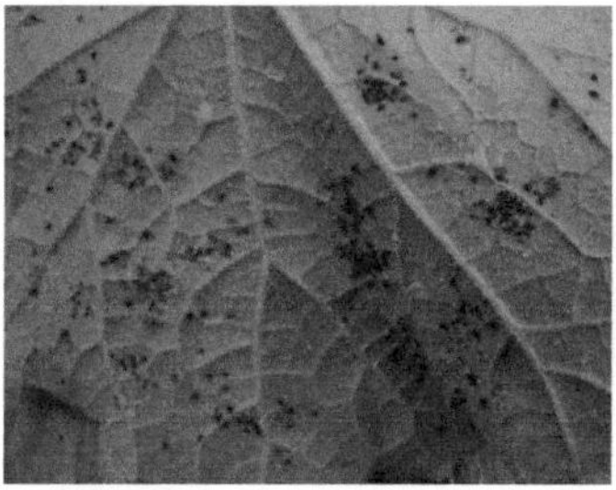

1. 瓜蚜

2. 瓜蚜危害西瓜瓜叶呈畸型状

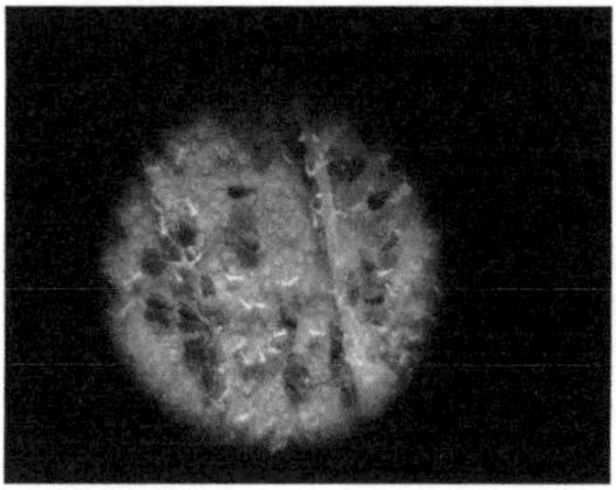

3. 瓜蚜放大

4. 黄花菜蚜虫危害花蕾

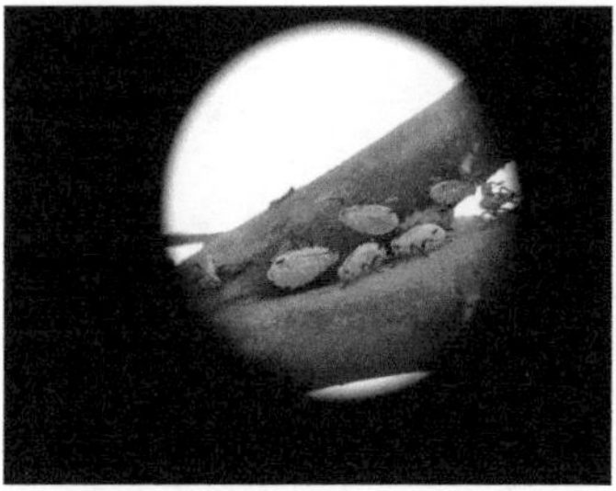

5. 黄花蚜虫放大

6. 白粉虱在黄瓜叶背危害

7. 白粉虱迁飞在茄子叶背

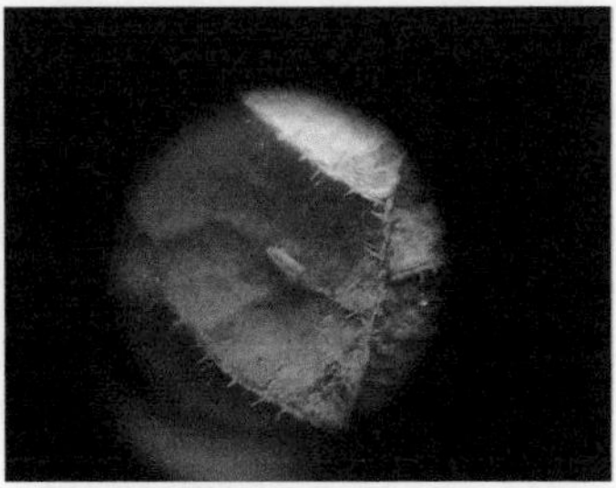
8. 白粉虱放大

9. 白粉虱污染蔬菜叶片

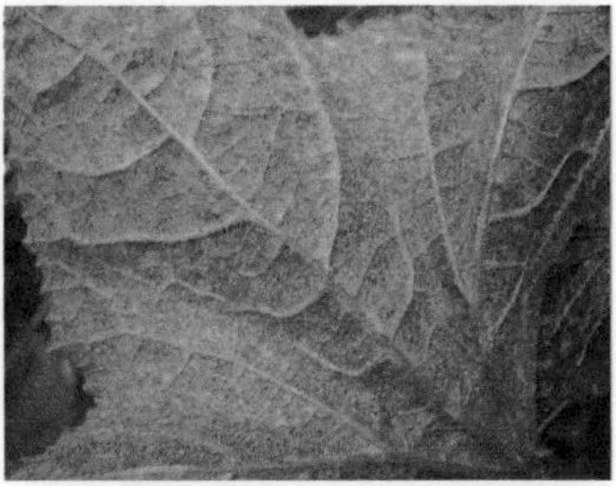
10. 红蜘蛛危害黄瓜叶背面初期症状

11. 红蜘蛛危害黄瓜叶片中期

12. 红蜘蛛危害黄瓜叶片后期症状

13. 红蜘蛛危害易误认为是生理病害

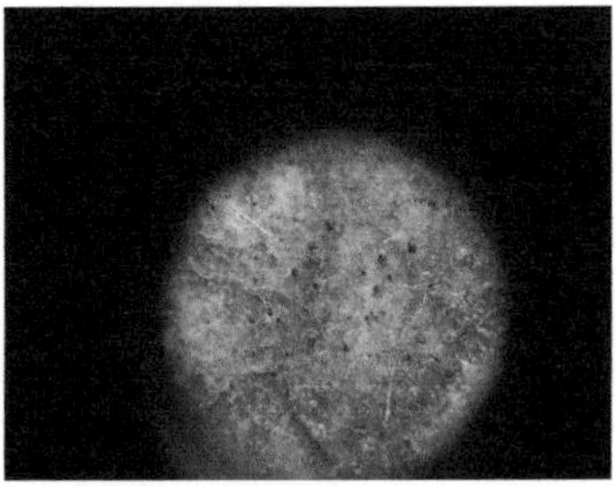

14. 放大的红蜘蛛

15. 红蜘蛛危害辣椒叶片

16. 茄红蜘蛛危害的田间症状

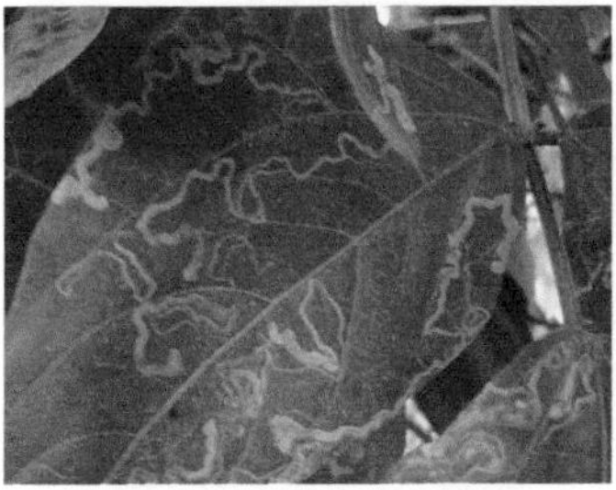

17. 美洲斑潜蝇危害豇豆叶片

18. 美洲斑潜蝇危害南瓜叶片

19. 美洲斑潜蝇危害黄瓜叶片

20. 菜豆斑潜蝇危害菜豆

21. 番茄斑潜蝇危害番茄

22. 菜青虫幼虫

23. 菜粉蝶静止状态

24. 蛞蝓

25. 二十八星瓢虫危害茄子

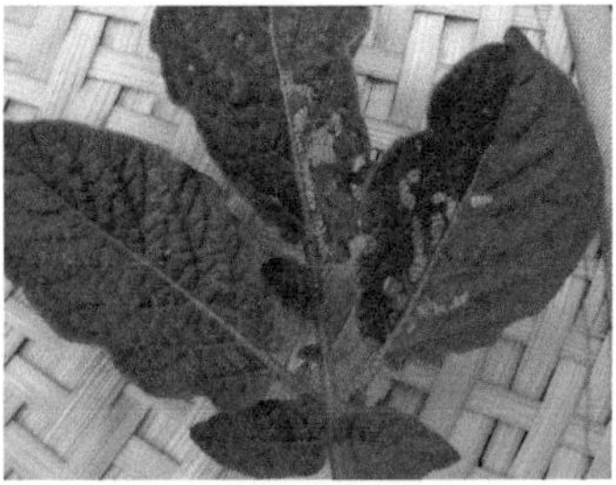

26. 二十八星瓢虫危害马铃薯初期症状

27. 二十八星瓢虫严重危害马铃薯田间症状

28. 二十八星瓢虫危害茄果

29. 二十八星瓢虫幼虫

30. 二十八星瓢虫蛹

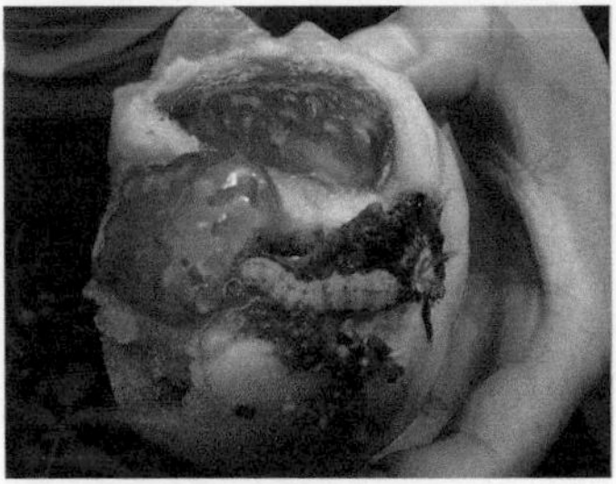

31. 棉铃虫在果内危害

32. 棉铃虫正在脱果

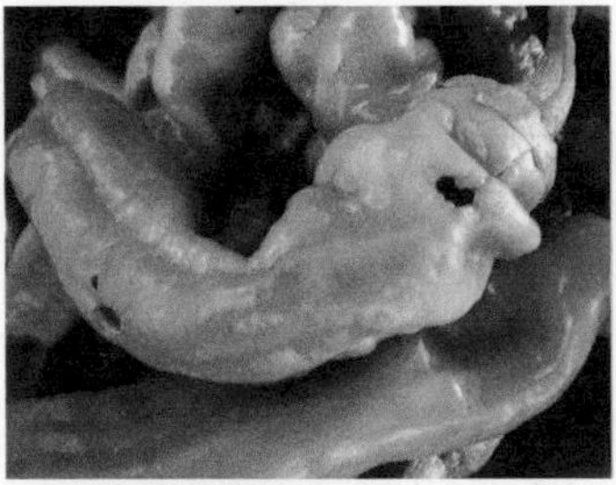

33. 烟青虫危害虫孔

34. 烟青虫危害辣椒

35. 茄子黄斑螟危害茄果株孔

36. 豇豆荚螟幼虫

37. 蝼蛄危害辣椒苗畦

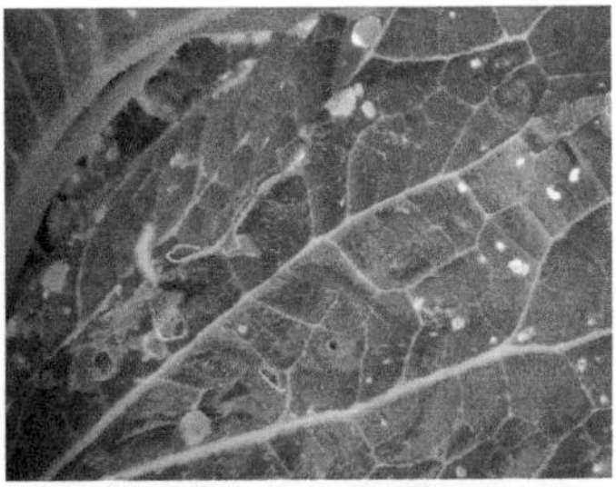

38. 小菜蛾幼虫吐丝拉线

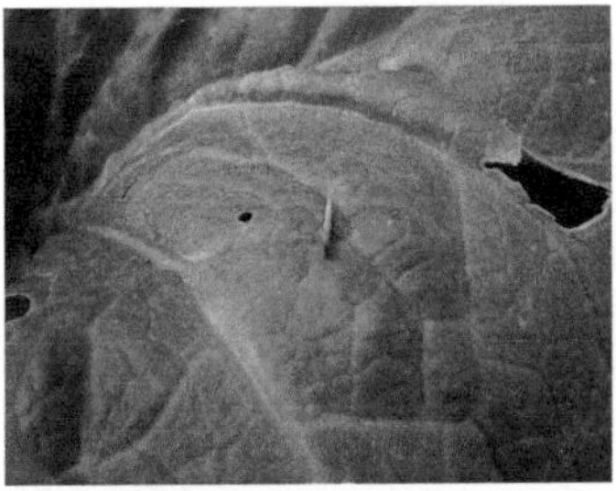

39. 小菜蛾成虫

40. 同型巴蜗牛危害油菜叶片

41. 黄曲条跳甲

二十七、药害

1. 白菜药害

2. 莱豆叶片药害

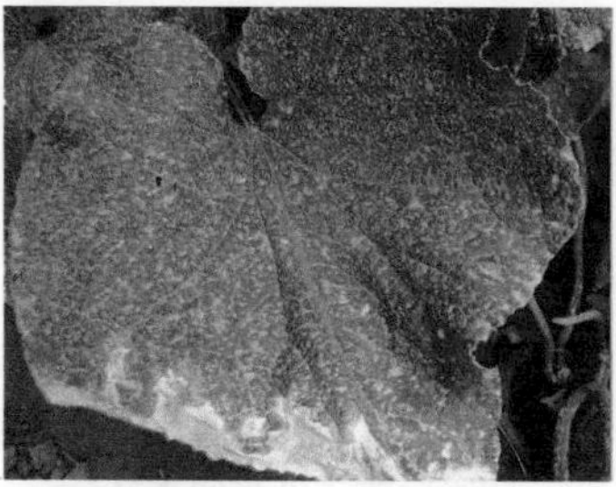

3. 黄瓜药害

4. 黄瓜叶片药害变脆硬

5. 黄花菜药害

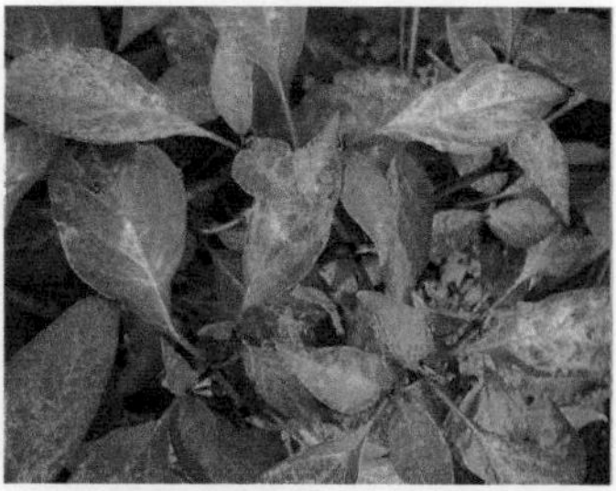

6. 辣椒叶面药害

蔬菜病虫害诊断与绿色防控技术口诀

柴小佳　王本辉　著

化学工业出版社
·北京·

图书在版编目（CIP）数据

蔬菜病虫害诊断与绿色防控技术口诀 / 柴小佳，王本辉著. —北京：化学工业出版社，2018.11（2023.9重印）

ISBN 978-7-122-32888-5

Ⅰ.①蔬… Ⅱ.①柴… ②王… Ⅲ.①蔬菜-病虫害防治-无污染技术 Ⅳ.①S436.3

中国版本图书馆CIP数据核字（2018）第194236号

责任编辑：邵桂林　　　　装帧设计：韩　飞

责任校对：王　静

出版发行：化学工业出版社

（北京市东城区青年湖南街13号　邮政编码100011）

印　　装：涿州市般润文化传播有限公司

710mm×1000mm　1/32　印张8¾　彩插32　字数159千字

2023年9月北京第1版第5次印刷

购书咨询：010-64518888　售后服务：010-64518899

网　　址：http：//www.cip.com.cn

凡购买本书，如有缺损质量问题，本社销售中心负责调换。

定　　价：39.80元

前言

随着农业产业结构调整的不断深入以及日光温室、塑料大棚蔬菜生产大面积的发展，市场对蔬菜产品质量的要求越来越高。因此，大力推广蔬菜作物病虫害绿色防控技术，减少化学农药污染是保证蔬菜产品质量的重要举措。如何准确而及时地诊断蔬菜作物病虫害是防控工作的基础，如何准确牢记每个蔬菜作物病虫害的为害症状和绿色防控技术，是实地技术应用的基础。因而，加强对蔬菜作物病虫害诊断和防控技术推广方法和技巧的研究对技术推广显得尤为重要。

二十多年来，笔者在长期的蔬菜作物病虫害防控技术示范推广工作中，发现相当一部分技术推广工作者和农民群众不能准确地诊断和防治病虫害，其主要原因是对复杂的蔬菜作物病虫为害症状不能牢记和掌握。为了解决这一难题，我们把近 300 多种蔬菜病虫为害症状和防控技术方法编写成了口诀，同时，我们用数码照相机拍摄了一些其他书籍曾未见到的蔬菜病虫为害症状彩照，为广大技术推广工作者和农民群众能准确诊断和快速掌握蔬菜病虫害症状及防治技术提供了方便。

蔬菜病虫害诊断与绿色防控技术口诀的编写，主要从蔬菜病虫为害症状和防治的特点出发，注重实用性和可行性，内容新颖科学，文字通俗精炼，韵律流畅。在文字方面，借鉴了诗歌简单押韵的形式，采取单句押韵、多句押韵、隔句押韵的自由风格，读起来朗朗上口，有趣有味，便于记忆。通篇展现了散而不乱、深入浅出、完整有序的体裁格式。在语言艺术形式上，将韵词口诀和专业技术理论融为一体，突破了专业理论知识的深奥和冗长。在蔬菜病害“看、问、查、分、测”五诊技术方法研究中，受到了中医学“望、闻、问、切”诊断方法的启发，总结出设施蔬菜病害“五诊”法则。在蔬菜主要病虫为害症状诊断与数码拍摄过程中克服了其他蔬菜病虫图鉴只注重病虫危害典型症状或某一特症拍摄的不足，注重了病害发生危害初期、中期、后期及植株不同部位病害症状变化的拍摄，可以帮助提高作物从病虫危害初期到蔓延全过程、全部位的准确诊断，避免误诊出现。在蔬菜病虫防治农药选用上注重了环保型无公害农药的选用，大多数病虫害防治技术口诀都配有 3 ～ 5 种农药。为了防止群众购买农药时被同种异名所混淆，书中统一使用了农药通用名，并列成表格，使读者一目了然。

蔬菜病虫害诊断与绿色防控技术口诀包括：蔬菜病害“看、问、查、分、测”五诊法则口诀，棚室蔬菜病虫害绿色“五防”口诀，蔬菜病害诊断与防治口诀，蔬菜虫害诊断与防治口诀，蔬菜作物主要药害诊断与防治口诀五大部分十七节内容，总计约 20 万字。其中，王本辉撰写第一～六节，约 7 万字；柴小佳撰写第七～十七节，约 13 万字。书中的图片主要由王本辉、柴小佳共同在田间拍照采集，约 200 多幅。本书既可作基层农业技术推广工作者和广大农民群众的实用技术应用指导读物，也可作为农业职业院校教师生的教学参考资料。

本书编著过程中参阅了大量的有关科技资料，吸纳了国内同行专家长处，但限于水平，书中定有不完美之处，敬请同行专家和广大读者批评指正，待以后完善、补充和修订。

编著者

2018 年 6 月于甘肃庆城

目录

一、蔬菜病害“看、问、查、分、测”诊断方法

诊病看问查分测，简称诊断五法则。
启示中医四诊法，通俗易懂核心抓。
田间看病规律寻，先看后问再查分。
最后测诊也有用，眼手工具思维统。
全程体现系统性，最大程度免误诊。
权威专家已鉴定，国内领先显水平。

“十看”即看植株病状

一看色泽变没变，二看形状形态变。
三看病斑何位点，四看叶片水渍斑。
五看病斑扁或圆，六看斑色深或浅。
七看斑纹显不显，八看畸叶是否现。
九看霉层产不产，十看植株是否蔫。

“十问”即问生产者

一问施的啥肥料，二问喷的啥农药。
三问品种抗病性，三问设施或地膜。
五问灌水多和少，六问茬口倒没倒。
七问光照强或弱，八问温度低和高。
九问是否嫁接苗，十问历年病史何。

“十查”即查病症

一查根系皮层是否有腐烂。
二查维管导管是否有色变。
三查田间发病规律性发展。
四查田间土壤养分是否全。
五查疑似病害药肥投放探。
六查病灶有否臭气鼻中窜。
七查病叶斑点分布何特点。
八查病斑显霉用个保湿碗。
九查菌源在显微镜下观看。
十查难病生物测定接种验。

“十分”即分类确诊

一是真菌细菌要分清，二是病毒生理要分清。
三是前后症状要分清，四是肥药病害要分清。
五是相似病害要分清，六是同态异病要分清。
七是同原异状要分清，八是异病同体要分清。
九是传播途径要分清。十是侵染期次要分清。

（注：肥药病害是指肥害、药害、病害。同病异物是指不同作物上的同一种病害。）

“十测”即预测确诊

一是依据流行规律测，二是依据气象指标测。
三是依据主导因素测，四是依据生育进程测。
五是依据季节变化测，六是依据灾害天气测。
七是高温干旱病毒生，八是阴湿多雨多真菌。
九是重茬连作病生根，十是温室大棚四季病。

二、棚室蔬菜病虫害绿色“五防”技术

绿色防控技术体系

绿色防控体系成，健康栽培为根本。
土肥水种密时工，每个环节防病虫。
色食性诱杀虫灯，理化诱控是中心。
果菜茶园都可行，灯光类型要记清。
高压汞灯黑光灯，投射灯具加频振。
利用害虫趋光性，色板诱控作补充。
黄绿蓝板三系列，依据特点田间设。
蚜虫粉虱斑潜蝇，黄板诱灭方可行。
性诱防控有特点，选择性高方向专。
诱集雄虫雌无关，有时防效受局限。
食物诱控效果显，单糖多糖植物酸。
雌雄害虫全诱杀，有益昆虫可保全。
物理阻隔防虫网，银灰地膜能反光。
防控蚜虫没商量，作物虫口密度降。
生物技术多应用，虫治虫来菌治菌。
寄生捕食两天敌，分清名称记心里。
寄生天敌好几种，丽蚜小蜂赤眼蜂。
茧蜂姬蜂为害敌，为害幼虫体上生。
捕食天敌虫为食，捕食螨和食虫蝽。

绿色防控技术体系

瓢虫步甲食蚜蝇，保护利用生态衡。
人工繁殖需引进，定居本地扩种群。
生物农药记心间，微生物源植物源。
生物化学农药看，三大类型共同点。
不伤天敌抗性免，完全降解无污染。
速效性差难保管，时限方法比较严。
生态调控要长远，农林牧渔协调展。
食物链条增加环，生物多样莫小看。
温湿调控设施建，高瞻远瞩不眼前。
一分为二用化防，防治指标不能忘。
高毒剧毒坚决禁，高效低毒适时喷。
先进机械多推广，绿色环保最为上。

农业防控

抗病品种要多选，培育健苗首当先。
轮作倒茬变环境，长势良好少生病。
嫁接育苗把根换，提高产量根病免。
多施农肥改土壤，平衡施肥增营养。
健康栽培增抗性，病害防治多省心。
瓜类茄科不混合，减少病源互传播。
整枝打杈要科学，合理密植增光照。
夏季拉秧不撤膜，高温闷蒸把毒消。
多年重茬病菌多，更换土壤好效果。
粉虱北方难过冬，休闲冷冻暂不种。

农业防控

粉虱不喜十字科，合理倒茬多轮作。
芹韭蒜苗要多种，粉虱危害容易控。
美洲潜蝇是新虫，豆瓜番茄危害重。
发现虫源及时焚，联合治疗不留情。

（注；粉虱是指白粉虱，美洲潜蝇是指美洲斑潜蝇）

生态防控

设施环境人创造，温湿光照均可调。
灌溉方式须改变，滴渗暗灌节水灌。
降湿控病好办法，不用农药把病减。
作物生长需水浇，漫灌多湿回避掉。
暗沟灌水最实惠，应用滴灌好对策。
秋末冬初温度高，加大通风病害少。
叶面结露病斑多，缩小温差最主要。
深冬早春夜温低，保温防冻加草被。
四段变温勤调控，早晨高温可灭菌。
午前灌水最巧妙，傍晚灌水最糟糕。
天阴宁旱暂不浇，灌后喷药预防好。

物理防控

色诱害虫效果灵，黄板诱杀虱蚜虫。
黄板颜色有规定，橙黄橘黄多应用。
种蝇蓟马趋蓝性，蓝板引诱方可行。
每亩悬挂二十片，棋盘布设于田间。

物理防控

植株顶部上悬挂，二十厘米最为佳。
五十亩地一盏灯，灯光诱啥为害控。
灯距二百最为佳，离地高度一米八。
棚室风口罩虫网，害虫迁飞无处藏。
黑夜害虫喜灯光，杀虫灯具多安装。
银色薄膜挂行间，趋走蚜虫很方便。
定期照射紫光灯，预防病害杀病菌。
昆虫性息素诱控，分清类型更精准。
取食产卵和报警，空间分布还有性。
检测预报多常见，对靶精准是特点。

生物防控

生物农药多推广，产品无害利健康。
生物菌肥施土壤，有害病源难猖狂。
食蚜瘿蚊加螵虫，防治蚜虫绝对灵。
温室粉虱多危害，一年繁殖十多代。
丽蚜小蜂是天敌，购买蛹卡挂棚内。
寡雄腐霉菌剂药，真菌病害能控好。

化学农药防控

化学农药效率高，危害人身要记牢。
高效低毒方可行，科学配兑选剂型。
乳粉油尘烟雾剂，根据天气来选择。
化学农药最繁多，同种异名莫混淆。

化学农药防控

天晴选择喷水雾，天阴熏蒸喷粉尘。
选择农药懂药性，治疗保护要分清。
单一用药有抗性，复配混配交替用。
代森锰锌多菌灵，甲托大生百菌清。
硫黄粉子硫酸铜，预防病害最常用。
治疗疫霉和霜霉，克露毒矾普力克。
白粉病害难治疗，预防为主最重要。
休闲拉秧要焚烧，硫黄熏蒸再育苗。
瓜类莫用三唑酮，产生药害叶片硬。
福星世高特富灵，专治各种白粉病。
美洲潜蝇危害重，阿维菌素吡虫啉。
斑潜灭潜克斑灵，高效农药多应用。
发展温室粉虱多，选准农药防效高。
阿克泰和扑虱灵，吡虫啉和天王星。
烟粉剂型轮换用，联合防治最有功。

三、真菌、细菌、病毒病害诊断

真菌病害

真菌病害类别多，各种作物都不少。
病状病症有差异，准确判断懂病理。
真菌病状有几点，坏死腐烂和萎蔫。
染病组织和器官，各种色斑常出现。
根腐叶枯和叶斑，果蔬作物最常见。

真菌病害

真菌病症独特显，霉粉锈斑长上面。
霜霉灰霉多分辨，白粉黑粉记心间。
菌索菌核有时产，仔细观察准判断。
同病异作有特点，掌握规律好诊断。

细菌病害

细菌病症有多样，斑点条斑枯焦状。
萎蔫肿瘤加腐烂，此外还有畸形变。
细菌真菌有时像，认真查看多取样。
潮湿溢脓最明显，这个特点记心间。

病毒病害

病毒全株来侵染，预防蚜虫最当先。
高温干旱易出现，先看心叶生长点。
生长发育受影响，产量质量全下降。
病毒症状有三类，一类色变和褪色。
花叶黄化须明白，二类症状好多样。
心叶卷曲不生长，缩叶瘤肿丛生状。
萎缩矮化不正常，三类症状很简单。
组织坏死环枯斑，各类症状细分辨。
激素药害产症状，二者形状很相像。
喷啥农药要问清，最后方可来定性。

四、蔬菜作物缺素症诊断

缺氮

植株矮小长势弱，叶色失绿较细小。
叶片变黄无斑点，从下而上逐扩展。
根系细长且稀少，严重下叶枯黄落。
花果少而种子小，产量下降成熟早。

缺磷

植株矮小和瘦弱，生长缓慢分枝少。
叶色暗绿无光泽，柄缘紫红易脱落。
次生根系生长少，产量质量均不高。
缺磷下叶先表现，逐渐向上再发展。
花果稀少茎细小，上市拖延采期超。

缺钾

老叶叶缘先变黄，继而变褐焦枯状。
叶片出现褐色斑，严重叶片红棕干。

缺钙

缺钙先看幼嫩叶，植株未老就早衰。
凋萎坏死生长点，叶片皱缩边黄卷。
叶小弯钩缘枯焦，株倒簇生结实少。
根尖细脆易腐烂，幼叶尖叶曲卷枯。

缺镁

变态发生中后期，先看老叶始失绿。
尖缘脉间色泽变，淡绿变黄紫色显。
基部中央逐扩展，网状脉纹清晰见。
叶脉显绿无异样，植株大小如往常。

缺硫

蔬菜缺硫看株体，全株叶片淡黄绿。
叶片褪绿先看脉，幼叶老叶细对比。
叶脉叶肉都失色，严重老叶变黄白。
幼枝老叶症状显，叶片细小向上卷。
叶片硬脆提早落，花果延迟结荚少。

缺硼

缺硼先看幼嫩尖，花而不实最常见。
植株尖端易发白，顶芽生长易枯萎。
生长点下易萌生，植株分枝成丛形。
新叶粗糙成淡绿，叶片皱缩易变脆。
柄茎粗短常开裂，水渍斑点环状节。

缺铁

缺铁先看枝顶心，叶脉叶肉得分清。
新叶缺绿黄白色，叶脉颜色仍显绿。
不同植物有区别，双单子叶要分开。
网纹花叶双子叶，条纹花叶单子叶。

缺锌

节间短簇株矮小，叶长受阻出小叶。
新叶灰绿或黄白，细看脉间和中脉。
中脉附近先失绿，严重坏死成褐色。

缺钼

缺钼症状两类型，仔细分辨能认清。
一类脉间色变淡，叶片发黄出斑点。
边缘焦枯向内卷，组织失水呈萎蔫。
先看老叶显症状，再辨新叶仍正常。
十字花科不一样，叶片扭曲螺旋状。

缺锰

幼叶叶肉变黄白，脉和脉近仍绿色。
脉纹清晰是症状，主脉较远先发黄。
严重叶片褐细点，逐渐增大布叶面。

五、蔬菜苗期病害诊断与防治

苗期猝倒病

[诊断]

病苗茎基像水烫，颜色改变呈褐黄。
病部缢缩形似线，高湿子叶易腐烂。
初发倒伏个别点，严重倒伏一大片。

[诊断]

发病多于苗中期，茎基病斑暗褐色。
病斑椭圆渐凹陷，扩大绕茎转一圈。
夜间恢复白天蔫，茎基潮湿易腐烂。
最后收缩全枯干，直至死亡直立站。

[防治]

猝倒立枯病菌染，提前预防是重点。
土壤配制讲科学，床土种子把毒消。
代森锰锌多菌灵，福尔马林好效应。
种子夹在药土间，防治效果很明显。
苗床管理很关键，灌足底水在播前。
出土幼苗禁水浇，天阴通风须记牢。
急救措施农药选，百菌清或杀毒矾。
福美双和普力克，猝倒立枯效果特。

防治苗期立枯病使用药剂

通用名称（商品名称）	剂型	使用方法
福尔马林	40% 水剂	每米^{3}用药量为 300 毫升，稀释 100 倍喷洒
代森锰锌	50% 粉剂	用药 8~10 克，拌入 10 千克细土，配制药土
多菌灵	50% 粉剂	用药 8~10 克，拌入 10 千克细土，配制药土
百菌清	75% 可湿性粉剂	600 倍液喷雾
霜霉威（普力克）	72.2% 水剂	400 倍液喷雾
福美双	50% 粉剂	600~800 倍液喷雾
恶霜·锰锌（杀毒矾）	64% 粉剂	500 倍液喷雾

苗期沤根病

[诊断]

根部锈褐颜色变，不生新根快腐烂。
叶片发黄色变淡，不生新叶呈萎蔫。
低温连阴无光照，湿度过大是前兆。

[防治]

沤根病害无病原，栽培措施很关键。
苗床地温要提高，防止沤根最有效。
电热温床育苗好，夜间多加保温膜。
行间松土把湿降，提高温度促生长。

六、瓜类蔬菜病害诊断与防治

黄瓜枯萎病

[诊断]

茎基节间黄条斑，晚间恢复白天蔫。
病部纵裂流胶黏，维管变褐是特点。
嫁接黄瓜接口染，逐渐向上在发展。
病株后期茎基裂，潮湿红霉显茎节。

[防治]

病菌存活六七年，土壤消毒是重点。
恶霉灵和细土拌，开沟撒施盖种面。
土壤偏碱防病染，过磷酸钙加秸秆。
深翻灌水地膜苫，密闭温室二十天。
甲托配兑多菌灵，病初病前药灌根。

氢氧化铜络氨铜，喷雾灌根好作用。
嫁接防病最关键，提高产量根病免。

防治黄瓜枯萎病使用药剂

通用名称（商品名称）	剂型	使用方法
恶霉灵	15%可湿性粉剂	每米^{2}用药量7~10克
络氨铜	25.9%乳油	500倍液喷雾或灌根，每株0.25千克
氢氧化铜	77%可湿性粉剂	800~1000倍液均匀喷雾
甲基硫菌灵（甲基托布净）	50%可湿性粉剂	400倍液喷雾或灌根
多菌灵	50%可湿性粉剂	500倍液喷雾或灌根

黄瓜白粉病

[诊断]

正反叶面白粉点，扩大变圆白粉斑。
温暖高湿连成片，很像叶面撒了面。
后期严重生黑点，叶片易脆功能完。

[防治]

棚室熏蒸需先行，硫黄粉子百菌清。
密闭棚室后点燃，减少病原再侵染。
药剂防治速度快，选药用药讲科学。
仙生福星和世高，防治白粉有特效。
药剂使用要轮换，安全间隔六七天。
田间管理要加强，通风透光把湿降。
葫芦白粉多发生，同一棚室莫混种。
浇水施肥要适当，防止早衰和徒长。

黄瓜白粉病

防治黄瓜白粉病使用药剂

通用名称（商品名称）	剂 型	使 用 方 法
腈菌唑·锰锌（仙 生）	62.25% 可湿性粉剂	600~800 倍液喷雾
硼硅唑（福 星）	40% 乳油	7000~8000 倍液均匀喷雾
恶醚唑（世 高）	10% 水分散粒剂	3000~4000 倍液喷雾

黄瓜细菌性角斑病

[诊断]

角斑霜霉易混淆，真菌细菌先知道。
病斑形状呈多角，霜霉大而角斑小。
霜霉病斑黄褐色，角斑病斑灰白浅。
前者叶背生黑霉，后者叶背脓液白。
霜霉病斑暗无光，多角病斑能透亮。
棚室三至四月份，天阴寡照多发生。

[防治]

采种需用无病瓜，温水浸种后催芽。
清洁田园再深翻，绿色防控是重点。
科博湿粉络氨铜，新植霉素加瑞农。
掌握浓度相轮换，间隔七天防三遍。

黄瓜细菌性角斑病

防治黄瓜细菌性角斑病使用药剂

通用名称（商品名称）	剂 型	使用方法
络氨铜	14% 水剂	300 倍液喷雾
波·锰锌（科博）	78% 可湿性粉剂	500 倍液喷雾
新植霉素	90% 粉剂	4000 倍液均匀喷雾
春雷氰氧铜（加瑞农）	47% 可湿性粉剂	700 倍液喷雾

黄瓜细菌性叶枯病

[诊断]

温室大棚最常见，细菌感染害叶片。
开始染病黄小点，初显病状薄白斑。
状似多角或近圆，逐渐扩展色稍变。
有时病斑枯裂干，叶背菌脓很难见。
点片发生少蔓延，干燥病斑把孔穿。

[防治]

种子检疫防传染，药剂防治角斑看。

（注：防治细菌性叶枯病所用农药与细菌性角斑病相同）

黄瓜霜霉病

[诊断]

叶片呈现水浸斑，扩大后受叶脉限。
病斑多角褐色变，后期病斑汇成片。
潮湿叶背霜霉连，严重全叶干枯完。

[防治]

防治霜霉品种选，津优津绿和津研。
密刺系列易病染，尽量不用把病减。
生态防治不能少，温湿调控效果好。
霜霉威水百菌通，保护治疗好作用。
霜脲锰锌抑快净，内吸杀菌效果灵。
营养防病莫小看，氮糖液体喷叶面。
病害发生若普遍，高温闷棚控蔓延。
高温闷棚杀病菌，先浇水来后闷棚。
四十五度二时辰，缓慢通风不离人。
化学药性须弄懂，各种药剂结合用。
阴冷天气烟粉尘，晴天下午可喷雾。

防治黄瓜霜霉病使用药剂

通用名称（商品名称）	剂 型	使 用 方 法
霜霉威	72.2% 水剂	800 倍液喷雾
琥珀·乙铝·锌（百菌通）	60% 可湿性粉剂	500 倍液喷雾
霜脲锰锌	72% 可湿性粉剂	600 ~ 800 倍液喷雾
恶酮·霜脲氰（抑快净）	52.2% 水分散粒剂	2000 ~ 3000 倍液喷雾

[诊断]

病菌多从残花染，密生灰霉幼瓜烂。
病花脱落染叶片，叶片形成大病斑。
或圆或扁无规范，病斑边缘很明显。
被害部位霉可见，茎秆感染也腐烂。

[防治]

栽培管理应加强，低温阴天要牢防。
洁园控温多通风，病瓜病叶要埋深。
增强光照洁棚面，通风换气加节灌。
天阴熏烟二三遍，百菌清烟隔六天。
多霉威或速克灵，交替轮换好效应。
引进新药施佳乐，防治灰霉效果特。

防治黄瓜灰霉病使用药剂

通用名称（商品名称）	剂型	使用方法
百菌清	30% 烟剂	每 667 米²/ 次 250~350 克，6 天熏一次
多 · 霉威	50% 可湿性粉剂	800 倍液喷雾
嘧霉胺（施佳乐）	40% 悬浮剂	1000~1500 倍液喷雾，通风不良浓度过高，叶片易出现褐点
腐霉利（速克灵）	50% 可湿性粉剂	1500 倍液发病初喷雾

黄瓜褐斑病

[诊断]

温差过大湿度高，病害发生是前兆。
为害叶茎和瓜果，叶片病状须记牢。
中下叶片发病先，逐渐向上再扩展。
初期褪绿小病斑，后期不规或形圆。
不规病斑像霜霉，多角病斑叶脉内。
黄褐病斑不裂穿，湿时斑扩连成片。
最终整叶全枯干，幼果发病先腐软。
果实逐渐灰绿变，浅灰霉物生上边。
最后病果全缩干，病株叶片易脱落。

[防治]

田间管理多用心，种子消毒菌源净。
施足基肥磷钾补，通风透光降湿度。
烟尘湿粉百菌清，根据天气选剂型。
阴天烟尘晴湿粉，还有农抗一二零。

防治黄瓜褐斑病使用药剂

通用名称	剂 型	使 用 方 法
百菌清	75% 粉剂	500 倍液喷雾，或每 667 米 ^{2} 250 克熏烟
农抗 120	2% 水剂	200 倍液喷雾

黄瓜黑斑病

[诊断]

黑斑不害黄瓜蔓，下叶发病向上延。
几片绿叶剩顶端，病斑圆形或近圆。
周围布有黄晕圈，中央多呈灰白斑。
叶面稍凸显粗糙，高温高湿发病多。

稀疏霉层灰褐显，病斑多生叶脉间。
病叶背面水渍斑，环境适宜连成片。
叶肉坏死叶枯焦，状似火烤不脱落。

[防治]

留种选用无病瓜，种子消毒后催芽。
加强栽管土翻晒，高畦栽培地膜盖。
增施机肥抗性强，降低湿度把风放。
发病初期百菌清，粉尘烟剂起效应。
代森锰锌多菌灵，克菌丹或扑海因。
以上药剂要轮换，间隔七天喷三遍。

黄瓜黑斑病

防治黄瓜黑斑病使用药剂

通用名称（商品名称）	剂 型	使 用 方 法
百菌清	45% 烟剂 5% 粉尘	200~250 克 /667 米 ^{2},7 天熏 1 次 1 千克 /667 米 ^{2} 喷粉
代森锰锌	80% 粉剂	600 倍液喷雾
多菌灵	50% 可湿性粉剂	500 倍液均匀喷雾
克菌丹	40% 粉剂	400~500 倍液喷雾
异菌脲（扑海因）	50% 粉剂	1500 倍液喷雾

黄瓜炭疽病

[诊断]

黄瓜幼苗病若染，子叶边缘褐圆斑。
幼茎受害呈缢缩，严重之时苗倒快。
茎和叶柄斑长圆，水浸淡黄稍凹陷。
病染叶柄和茎蔓，环切一周即枯完。

叶片如果把病感，水浸小斑长上面。
继续扩展颜色变，病斑红褐形近圆。
外围黄晕布一圈，同心轮纹显病斑。
病斑后期长黑点，粉红黏物上边产。
空气干燥环境变，病斑晕圈不明显。
叶斑多时成大块，中部破裂孔洞穿。
病瓜初期水渍点，扩大以后褐色陷。
后生红色物黏稠，干燥开裂果肉露。

[防治]

种子床土消毒先，富尔马林冰醋酸。
覆盖地膜起高垄，补施磷钾增抗性。
中后病害多发生，排湿减露要通风。
炭疽福美多菌灵，甲托农抗好效应。

防治黄瓜炭疽病使用药剂

通用名称（商品名称）	剂型	使用方法
富尔马林	40% 水剂	100 倍液浸种 30 分钟
冰醋酸		100 倍液浸种 30 分钟
多菌灵	50% 可湿性粉剂	500 倍液均匀喷雾
福·福·锌（炭疽福美）	50% 粉剂	300~400 倍液喷雾
农抗 120	2% 水剂	200 倍液喷雾
甲基硫菌灵（甲基托布津）	50% 可湿性粉剂	500 倍液于发病前均匀喷雾

[诊断]

黑星病原真能行，侵入瓜条和叶茎。
叶脉卷须和叶柄，各个部位都发病。
受害幼茎水浸斑，不规条斑或椭圆。
凹陷龟裂色黄褐，潮湿之时黑霉多。
幼嫩叶茎生长点，发病症状最明显。
瓜条受害色绿暗，病斑凹陷呈椭圆。
琥珀胶物溢斑面，龟裂疮痂中凹陷。
瓜条弯曲畸形变，湿时病斑灰霉显。
叶片受害近圆斑，边缘皱缩是特点。
星状开裂黄褐淡，病斑不受叶脉限。

[防治]

种子首先把毒消，温水浸种效果好。
温室消毒用硫黄，密闭熏蒸一晚上。
武夷霉素百菌清，福星乳油多菌灵。
以上药剂交替用，科学配兑无抗性。

防治黄瓜黑星病使用药剂

通用名称（商品名称）	剂型	使用方法
多菌灵	50% 可湿性粉剂	500 倍液均匀喷雾
百菌清	75% 可湿性粉剂	600 倍液均匀喷雾
武夷霉素	2% 水剂	150 倍液加 50% 多菌灵可湿性粉剂 500 倍液喷雾
氟硅唑（福星）	40% 乳油	4000 倍液于发病初期喷雾

[诊断]

幼苗染病始嫩尖，暗绿水浸状腐软。
最后干枯呈秃尖，成株发病茎节看。
水浸暗绿缢缩显，病部上叶全萎蔫。
最后整株枯死完，叶片症状最明显。
暗绿水浸状病斑，病斑不规或形圆。
潮湿病斑块扩展，造成全叶多腐烂。
病斑中间色淡褐，干时青白常碎破。
瓜条受害花蒂变，皱缩暗绿呈腐软。
灰白霉物长表面，病果腥臭速腐烂。
疫霉维管不褐变，能与枯萎清楚辨。

黄瓜疫霉病

[防治]

种子消毒用甲醛，把握浓度药害免。
高畦栽培地膜苫，减少病原来侵染。
代森锰锌绿得宝，喷施保护病害少。
乙膦锰锌杀毒矾，防止抗性须轮换。

防治黄瓜疫霉病使用药剂

通用名称（商品名称）	剂型	使用方法
甲醛	40% 水剂	100 倍液浸种 30 分钟
代森锰锌	70% 可湿性粉剂	500 倍液喷雾
碱式硫酸铜（绿得宝）	80% 可湿性粉剂	600~800 倍液喷雾
乙膦铝锰锌	70% 可湿性粉剂	500 倍液喷雾
恶霜·锰锌（杀毒矾）	64% 可湿性粉剂	400 倍液喷雾

[诊断]

蔓枯危害叶茎秆，叶上病斑形状变。
病斑沿缘内发展，V 字形状或半圆。
颜色黄褐或褐浅，病斑易碎纹不显。
上面密生小黑点，病叶常常不脱秆。
茎蔓感病椭圆斑，还有梭形稍凹陷。
病斑黄褐溢黏物，黏物琥珀树脂胶。
病部黑烂易折断，上面散生小黑点。
茎表茎内渐发展，维管没有褐色变。

[防治]

土壤消毒要记牢，温烫浸种不能少。
福尔马林来浸泡，浸种时间掌握好。
施足农肥增磷钾，焚烧病残防病发。
咪鲜胺油络氨铜，代森锰锌轮换用。

防治黄瓜蔓枯病使用药剂

通用名称	剂 型	使 用 方 法
代森锰锌	70% 可湿性粉剂	400 倍液喷雾或 10 倍涂抹病部
咪鲜胺	25% 乳油	1500 倍液于发病初期全田喷雾，隔 3 ~ 4 天后再防 1 次
络氨铜	25.9% 水剂	500 倍液喷雾

[诊断]

菌核主害瓜茎蔓，其次再来害叶片。
瓜尖侵染变软腐，棉絮白霉长病部。
菌核集结菌丝成，颜色灰黑像鼠粪。
茎蔓发病近地面，水浸淡绿小斑点。
病情加重斑扩展，变褐软化成腐烂。
白色霉物全长满，病表髓部菌核产。
颜色灰黑很明显，病上茎蔓枯死完。
低温高湿是条件，越冬温室能发现。

[防治]

温烫浸种洁田园，深翻灌水地膜苫。
加强通风应当先，化学防治把药选。
异菌脲或农利灵，腐霉利或百菌清。
以上药剂需轮换，间隔七天防效显。

防治黄瓜菌核病使用药剂

通用名称（商品名称）	剂 型	使 用 方 法
异菌脲	50% 可湿性粉剂	1000 倍液于盛花期喷雾
腐霉利	50% 可湿性粉剂	1500 倍液喷雾
乙烯菌核利（农利灵）	50% 水份散粒剂	800 ~ 1000 倍液于发病前或发病初细致喷雾
百菌清	5% 粉尘剂	每 667 米^{2} 每次喷撒 1 千克

黄瓜菌核病

[诊断]

病株幼叶叶花斑，黄绿深绿互相间。
株小叶皱叶背卷，茎和节间都缩短。
瓜生褐斑畸形变，夏秋季节多常见。
蚜虫粉虱多传染，喷药杀虫最当先。

[防治]

抗病品种仔细选，种子消毒放在前。
清除杂草灭菌源，防治蚜虫最关键。
功夫乳油喷叶面，黄板诱杀效果显。
高脂膜剂病毒减，加水混匀喷两遍。
宁南霉素病毒清，控制病毒好效应。
以上药剂互轮换，间隔七天喷三遍。

防治黄瓜病毒病使用药剂

通用名称（商品名称）	剂型	使用方法
氯氟氰菊酯（功夫）	2.5% 乳剂	3000 倍液喷雾
高脂膜	27% 乳剂	500 倍液喷雾
病毒清	20% 可湿性粉剂	每 667 米 ^{2} 用药 50~70 克兑水 30~45 升喷雾
宁南霉素	2% 水剂	500 倍液喷雾

黄瓜根腐病

[诊断]

根和根茎受侵染，初为水浸后腐烂。
茎部缢缩很明显，病部维管色不变。
严重病部继续延，从不向上再发展。
病初叶片中午蔫，无法恢复而枯干。

[防治]

加强管理是重点，熟肥适量补磷钾。
十字花科多轮换，高垄栽培覆膜苫。
嫁接换根好作用，防治方法枯萎同。

黄瓜叶斑病

[诊断]

叶片病斑不规范，圆或近圆散叶面。
颜色呈褐至灰褐，出现灰霉环境潮。
叶斑炭疽容易混，前后症状要分清。

[防治]

地膜覆盖病少侵，轮作倒茬危害轻。
配方施肥株体壮，增施农肥抗性强。
病初防治用甲托，科博湿粉好效果。
多菌灵或百菌清，采前七天药要停。

防治黄瓜叶斑病使用药剂

通用名称（商品名称）	剂 型	使 用 方 法
波·锰锌（科博）	78% 可湿性粉剂	500 倍液喷雾
甲基硫菌灵（甲托）	50% 可湿性粉剂	500 倍液喷雾
多菌灵	50% 可湿性粉剂	500 倍液喷雾
百菌清	75% 可湿性粉剂	800 倍液喷雾

[诊断]

叶茎瓜条卷须茎，全部都能感染病。
叶缘感病水浸点，扩展色褐不规斑。
有时沿缘向内展，形成楔形坏死斑。
瓜条多由瓜柄染，形成褐色水浸斑。
瓜条黄萎失水硬，高湿病部常溢脓。
表面结露温差大，空气潮湿把病发。

[防治]

种子处理放在前，温水浸种催芽先。
加强栽管是重点，非瓜作物轮三年。
增施磷钾强抗性，放风降湿减少病。
发病初期喷农链，松脂酸铜效果显。
氢氧化铜络氨铜，间隔七天轮换用。

防治黄瓜细菌性缘枯病使用药剂

通用名称	剂 型	使 用 方 法
农链霉素	72% 粉剂	4000 倍液喷雾
松脂酸铜	12% 乳油	每 667 米 ^{2} 使用 180 ~ 200 毫升
氢氧化铜	77% 可湿性粉剂	400 倍液喷雾
络氨铜	25% 水剂	500 倍液喷雾

丝瓜霜霉病

[诊断]

褪绿病斑生叶面，扩大多角黄褐斑。
湿大叶背黑霉显，随后病斑连成片。

[防治]

参见黄瓜霜霉病。

西甜瓜斑点病（叶斑病）

[诊断]

中后发生害叶片，不规病斑或近圆。
斑内灰色紫边缘，一个白点附中间。
外围一个黄晕圈，其他叶斑无此点。

[防治]

种子消毒放在前，药液浸种病原减。
非瓜作物轮三年，病初喷施代森联。
百菌清剂来熏烟，间隔七天熏二遍。

防治西甜瓜斑点病使用药剂

通用名称	剂 型	使 用 方 法
代森联	70% 水份散粒剂	500~700 倍液于病害发生前喷雾效果最佳
百菌清	45% 烟剂	200~250 克 /667 米 ^{2}，7 天熏 1 次

[诊断]

发病初期害叶片，叶片出现白霉点。
扩展后成白霉斑，严重叶片菌丝满。
病后叶片色变灰，随后变黄干枯脆。

[防治]

甜瓜南瓜莫混合，防止菌源互传播。
白粉病害防治难，技术要点记心间。
发现病叶清除掉，采摘结束秧蔓烧。
提早预防是关键，特效农药首当先。
武夷霉素三唑醇，福星乳油加瑞农。
仙生湿粉氟菌唑，交替使用好效果。

防治西甜瓜白粉病使用药剂

通用名称（商品名称）	剂型	使用方法
武夷霉素	2% 水剂	150 倍液喷雾
三唑醇	15% 可湿性粉剂	2000~3000 倍液喷雾
春雷氰氧铜（加瑞农）	47% 可湿性粉剂	600 倍液喷雾
氟菌唑	30% 可湿性粉剂	2000 倍液喷雾
氟硅唑（福星）	40% 乳油	7000~8000 倍液喷雾
腈菌唑·锰锌（仙生）	62.25% 可湿性粉剂	600~800 倍液喷雾

西甜瓜炭疽病

[诊断]

苗期成株均感染，子叶染病在边缘。
病斑呈褐把色变，外围常有黄晕圈。
病生黑色小粒点，有时变红手摸黏。
茎基发病色变褐，收缩变细幼苗倒。
成株染病叶和蔓，真叶发病水渍斑。
病斑无形或近圆，有时出现轮纹圈。
干燥病斑穿孔破，潮湿出现粉红物。
果实染病水渍凹，凹陷常裂色变褐。
高湿手摸红色黏，严重病斑连片烂。

[防治]

抗病品种应先选，种子消毒首当先。
非瓜作物轮三年，一般能把病害减。
合理施肥搞配方，田园管理要加强。
高垄栽培地膜苫，果实避免触土面。
药剂防治轮换用，溴菌腈粉施保功。
炭疽福美乐必耕，连防三遍控病生。

防治西甜瓜炭疽病使用药剂

通用名称（商品名称）	剂 型	使 用 方 法
福·福·锌（炭疽福美）	80% 可湿性粉剂	800 倍液喷雾
氯苯嘧啶醇（乐必耕）	60% 可湿性粉剂	1500 倍液喷雾
咪鲜胺（施保功）	50% 可湿性粉剂	1200 倍液喷雾
溴菌腈	25% 可湿性粉剂	500 倍液喷雾

[诊断]

叶枯主要害叶片，水浸斑点生叶缘。
褐斑圆形或近圆，扩展整叶后枯变。
真叶发病水浸点，叶缘脉间背面显。
高温脱水叶青干，高湿高温褐斑现。
布满叶面合大斑，病部变薄枯叶产。
受害果面褐凹斑，高湿病斑黑霉显。
继续发展内腐烂，甜瓜叶枯最常见。
结果成熟多蔓延，降低湿度是关键。

[防治]

清洁田园减病原，轮作倒茬土深翻。
合理密植蔓巧整，通风透光温湿控。
异菌脲粉速克灵，恶醚唑水百菌清。
掌握规律提前用，间隔七天三次喷。

防治西甜瓜叶枯病使用药剂

通用名称（商品名称）	剂 型	使 用 方 法
异菌脲	50% 可湿性粉剂	1000 倍液喷雾
腐霉利（速克灵）	50% 可湿性粉剂	1500 倍液喷雾
百菌清	75% 可湿性粉剂	800~1000 倍液喷雾
恶醚唑	10% 水剂	3000~4000 倍液喷雾

西甜瓜黑斑病

[诊断]

该病主要害叶片，叶脉叶缘水浸点。
暗褐圆形渐扩展，病健交界特明显。
湿度大时快蔓延，植株叶片枯萎全。
蔓不枯萎是特点，能与蔓枯清楚辨。

[防治]

抗病品种首先选，清除残体洁田园。
配方施肥不偏氮，高效液肥喷叶面。
播种日期确定好，药液浸种菌毒消。
避雨栽培应提倡，加强测报提前防。
未见病斑始喷药，腐霉利粉要喷到。
大生湿粉异菌脲，轮换使用生病少。

防治西甜瓜黑斑病使用药剂

通用名称（商品名称）	剂 型	使 用 方 法
腐霉利	50% 可湿性粉剂	1500 倍液喷雾
异菌脲	50% 可湿性粉剂	1000 倍液喷雾
代森锰锌（大生）	80% 可湿性粉剂	600 倍液喷雾，隔 10 天 1 次

西甜瓜枯萎病

[诊断]

整个生育显病症，伸蔓花果发病重。
幼茎基部褐缢变，子叶幼叶下垂蔫。
幼苗全株伏瘫软，发病一天即死完。
成株发病生长慢，下叶发黄上扩展。

白天萎蔫早晚复，数日全株都死枯。
茎蔓基部褐条斑，或者表皮纵裂干。
树脂胶质溢表面，茎部维管褐色变。
湿时水浸状腐烂，粉红霉物长上边。

[防治]

该病盛发快扩展，几天之内延全田。
禾本作物为前茬，伏天深耕多晒垡。
增施磷钾少施氮，种子处理用甲醛。
苗床土壤毒消净，恶霉灵或多菌灵。
铜高尚或消菌灵，轮换使用好效应。
嫁接防病是重点，瓠瓜砧木防效显。

防治西甜瓜枯萎病使用药剂

通用名称（商品名称）	剂型	使用方法
多菌灵	50% 可湿性粉剂	500 倍液浸种 1 小时或 3 千克 /667 米 ^{2} 混合细土撒定植穴内
恶霉灵	15% 水剂	300 ~ 400 倍液灌根
碱式硫酸铜（铜高尚）	50% 可湿性粉剂	600 ~ 800 倍液喷雾
氯溴异清尿酸（消菌灵）	50% 可溶粉剂	1000 倍液于发病初期喷雾

[诊断]

蔓枯俗称流黄水，危害整个生育期。
幼苗茎叶水浸点，黄褐青灰斑出现。
病斑扩展很迅速，环绕幼茎亡枯死。
成株发病茎蔓基，病斑水浸淡黄色。
病势发展溢胶黏，表皮纵裂黑腐烂。
叶片发病叶缘先，V 字病斑轮纹显。

[防治]

滴灌暗灌效果好，降低湿度最牢靠。
非瓜作物轮三年，增施农肥株蔓健。
瓜园病残及时清，防止传播再流行。
土壤种子毒消早，生长中后病害少。
氢氧化铜施保灵，络氨铜水或福星。
阿米西达好效应，病茎涂抹百菌清。

防治西甜瓜蔓枯病使用药剂

通用名称（商品名称）	剂 型	使 用 方 法
丙硫·多菌灵（施保灵）	20% 悬浮剂	2000 倍液喷雾
氢氧化铜	77% 可湿性粉剂	500~800 倍液喷雾
氟硅唑（福星）	40% 乳油	8000 倍液喷雾
络氨铜	14% 水剂	300 倍液喷雾
百菌清	75% 可湿性粉剂	50 倍液涂抹茎蔓病斑
嘧菌酯（阿米西达）	25% 悬浮剂	200 毫克 / 千克药液喷雾

西甜瓜疫病

[诊断]

幼苗染病茎基看，圆斑水浸色绿暗。
后期中部红褐变，幼苗缢缩倒地面。
成株感病茎叶片，湿似水煮变腐软。
茎基染病斑凹陷，病部以上死腐烂。
果实发病绿斑圆，病斑凹陷快扩展。
果实腐软菌丝产，白色棉毛是特点。

[防治]

品种首先选择好，种子消毒要记牢。
恶铜锰锌杀毒矾，克露病初喷和灌。
喷洒灌根两配套，防治效果能提高。

防治西甜瓜疫病使用药剂

通用名称（商品名称）	剂 型	使 用 方 法
霜脲·锰锌（克露）	72% 可湿性粉剂	700 倍液浸喷雾或灌根
恶霜·锰锌（杀毒矾）	64% 可湿性粉剂	600 ~ 800 倍液喷雾或喷淋
恶铜·锰锌	68.75% 水分散粒剂	1000 ~ 1500 倍液喷雾

西瓜绵腐病

[诊断]

苗期发病得猝倒，危害果实是主要。
贴土部分发病高，水浸腐软色呈褐。
湿时病部长白毛，勤翻果实见光照。

西瓜绵腐病

[防治]

农业防治放在前，高畦栽培不漫灌。
多菌灵粉络氨铜，共防三遍起作用。

防治西瓜绵腐病使用药剂

通用名称	剂 型	使 用 方 法
络氨铜	14% 水剂	300 倍液喷雾，隔 10 天喷 3 遍
多菌灵	50% 可湿性粉剂	600 ~ 800 倍液喷雾

西瓜病毒病

[诊断]

西瓜病毒显病症，花叶蕨叶共两种。
花叶顶叶浓淡间，蕨叶窄长畸皱显。
病重无瓜茎节短，纤细扭曲是新蔓。
发育不良畸瓜产，瓜瓤暗褐品质变。

[防治]

磷酸三钠种毒消，农业措施配合到。
土壤翻晒育壮苗，地膜覆盖把墒保。
抗病品种仔细选，西瓜甜瓜不混乱。
清除杂草消灭蚜，及时喷药病不发。
病毒净或克毒宁，轮换使用好效应。
夏季高温蚜先防，吡蚜酮剂效果强。

西瓜病毒病

防治西瓜病毒病使用药剂

通用名称（商品名称）	剂型	使用方法
盐酸吗啉胍（病毒净）	20% 可湿性粉剂	500～600 倍液喷雾
吗胍·乙酸铜（克毒宁）	20% 可湿性粉剂	每 667 米^{2}使用 150～200 克，兑水 45～60 升，7 天喷一次，共防 3 次
吡蚜酮	25% 可湿性粉剂	每 667 米^{2}使用 20～24 克，兑水 45～60 升喷雾

西瓜褐色腐败病

[诊断]

苗期成株病均感，苗期危害根茎染。
引起根系常腐烂，根茎发病土表看。
土表根茎生水斑，状似弥散色绿暗。
最后发生黄褐变，逐渐缢缩全腐烂。
茎部发病斑褐暗，纺锤水渍快扩展。
茎细灰白霉层产，引起病部枯死全。
蔓部先端容易染，低洼茎蔓最明显。
果实发病凹斑圆，初呈水渍色绿暗。
最后发生褐色变，白色菌丝产斑面。
菌丝绒状有特点，能与疫病区别辨。
该病发展速蔓延，二至三天全烂完。

[防治]

农业防治放在前，配方施肥株体健。

西瓜褐色腐败病

采用营养钵育苗，移栽重茬剂用到。
棚室栽培病若发，多霉威粉来喷撒。
百菌烟剂要点燃，闭密熏棚一夜间。
间隔七天熏一遍，一般能够控病延。
霜霉威水绿得保，氧化亚铜效果好。
安全间隔得十天，连续防治需三遍。

防治西瓜褐色腐败病使用药剂

通用名称（商品名称）	剂型	使用方法
百菌清	45% 烟剂	200~250 克 /667 米 ^{2}，7 天熏 1 次
多霉威	50% 可湿性粉剂	800~1000 倍液喷雾
氧化亚铜	56% 水剂	800 倍液喷雾
碱式硫酸铜（绿得宝）	30% 悬浮剂	400 倍液喷雾
霜霉威	72.2% 水剂	600~800 倍液喷雾

西瓜褐腐病

［诊断］

该病主要害叶片，病初叶上小褐点。
扩大变为不规斑，颜色褐浅成腐软。
病斑连成一大斑，引起叶片常枯干。
瓜苗枯死病症严，运储果实受感染。
暗褐病变不明显，疣状小点需细看。
剖开病瓜来诊断，皮下发生褐色变。

［防治］

种子处理第一点，福美双粉把种拌。
非瓜作物轮三年，棚室常把土壤换。

发病初期应喷药，腐霉利粉效果好。
甲托湿粉百菌清，苯菌灵粉起效应。
以上药剂互轮换，间隔七天防三遍。

防治西瓜褐腐病使用药剂

通用名称（商品名称）	剂 型	使 用 方 法
甲基硫菌灵（甲基托布津）	50% 可湿性粉剂	500 倍液喷雾
百菌清	75% 可湿性粉剂	800 倍液喷雾
福美双	50% 可湿性粉剂	用种子重量 0.3% 拌种
苯菌灵	50% 可湿性粉剂	1500 倍液隔 7 天喷 1 次
腐霉利	50% 可湿性粉剂	600 倍液喷雾

西瓜细菌性果斑病

[诊断]

苗期成株均感染，熟前几天病多现。
灰绿病斑生果面，逐渐暗绿水浸点。
迅速扩展无规斑，变褐龟裂再腐烂。
熟瓜阳面病常见，但是瓜蔓不萎蔫。
特征牢记在心间，能与它病区分辨。

[防治]

福尔马林种毒消，温水浸种也有效。
非葫作物轮三年，加强检疫控病延。
腐熟机肥施大量，双层覆盖力提倡。
雨季病前应喷药，氧氯化铜疗效好。
加瑞农粉和靠山，间隔十天喷三遍。

西瓜细菌性果斑病

防治西瓜细菌性果斑病使用药剂

通用名称（商品名称）	剂 型	使 用 方 法
春雷氰氧铜（加瑞农）	47% 粉剂	800 倍液喷雾
氧化亚铜（靠山）	56% 水粒	600~800 倍液喷雾
氧氯化铜	30% 悬浮剂	800 倍液，隔 10 天防 1 次

甜瓜病毒病

[诊断]

花叶皱缩坏死型，花叶病毒梢端生。
浓淡相间显病症，矮小瓜少萎缩茎。
圆形坏斑坏死型，矮缩锈斑长停滞。
褪绿晕环四周萦，锈色网状植株死。

[防治]

农业防治放在前，适当早播地膜苫。
拔除病株减毒原，配方施肥养分全。
病初喷洒菌毒宁，病毒净粉克毒星。
宁南霉素好效应，交替使用效果明。

防治甜瓜病毒病使用药剂

通用名称（商品名称）	剂 型	使 用 方 法
菇类蛋白多糖（菌毒宁）	0.5% 水剂	200 倍液在病毒病初发期喷雾
盐酸吗啉胍（病毒净）	10% 水剂	200 ~ 300 倍液喷雾
吗啉·乙酸铜（克毒星）	20% 可湿性粉剂	每 667 米^2 使用 150 ~ 200 克，兑水 45 ~ 60 升，7 天喷一次，共防 3 次
宁南霉素	2% 水剂	500 ~ 700 倍液均匀喷雾

[诊断]

该病主要害叶片，自下而上渐发展。
病初脉间淡黄斑，不久黄斑叶背面。
形状多角叶脉限，病斑多时叶上卷。
很快破碎成枯干，瓜蔓自下死亡完。
连续阴雨创条件，病斑速扩汇大斑。
霜霉极快能蔓延，剩余绿叶在顶点。

[防治]

农业防治放在前，高抗品种认真选。
瓜类作物禁连作，农肥为主氮配合。
合理密植适打杈，通风透光病少发。
磷酸二钾加尿素，科学配兑来喷施。
五至六天喷一遍，连喷三次株体健。
发病初期药喷洒，加瑞农粉控病发。
安泰生粉和科博，靠山水粒有效果。

防治甜瓜霜霉病使用药剂

通用名称（商品名称）	剂 型	使 用 方 法
春雷氰氧铜（加瑞农）	47% 粉剂	800 倍液喷雾
丙森锌（安泰生）	70% 可湿性粉剂	600 倍液喷雾
波·锰锌（科博）	78% 可湿性粉剂	500 倍液喷雾
氧化亚铜（靠山）	56% 水粒剂	600~800 倍液喷雾

注：表中药剂隔 7 天防 1 次，连喷 3 次，遇雨 4 小时后须补喷。

甜瓜果腐病

[诊断]

成株发病果实染，近地果面首发现。
产生不规状褐斑，湿大病部白菌产。

[防治]

栽配方法第一点，宽垄高垄最关键。
化学防治药喷洒，烯酰锰锌控病发。

防治甜瓜果腐病使用药剂

通用名称	剂 型	使 用 方 法
烯酰·锰锌	69% 可湿性粉剂	800 倍液喷雾

甜瓜软腐病

[诊断]

该病主要果实染，有时茎蔓也出现。
果实发病水浸斑，颜色深绿后发软。
逐渐发生褐色变，病斑周围水晕环。
病部向内速腐烂，恶臭味道来相伴。
茎蔓发病伤口感，病斑不规水渍显。
向内软腐水珠产，严重之时全烂断。

[防治]

农业防治首当先，非瓜作物轮二年。
烧毁残体洁田园，加强放风湿度减。
雨前雨后喷药保，农链霉素效果好。
新植霉素加瑞农，琥胶肥酸络氨铜。

甜瓜软腐病

防治甜瓜软腐病使用药剂

通用名称(商品名称)	剂型	使用方法
农链霉素	72% 可湿性粉剂	4000 倍液喷雾
新植霉素	90% 可湿性粉剂	4000 倍液喷雾
络氨铜	14% 可湿性粉剂	300 倍液喷雾
春雷氰氧铜(加瑞农)	47% 可湿性粉剂	800 倍液喷雾
琥胶肥酸铜	50% 可湿性粉剂	800 ~ 1000 倍液喷雾

西甜瓜白绢病

[诊断]

危害茎基是重点，果实也常受侵染。
茎基染病色褐暗，白绢菌丝长上边。
辐射形状是特点，边缘之处最明显。
后期病部症状怪，萝卜籽样小菌核。
病茎基部若腐烂，茎叶萎蔫株枯干。

[防治]

农业防治减少病，土壤酸碱调中性。
病株残体要毁消，药剂防治配合到。
五氯硝苯三唑醇，另外还有抑快净。
安全间隔得七天，仔细喷洒防三遍。

西甜瓜白绢病

防治西甜瓜白绢病使用药剂

通用名称（商品名称）	剂型	使用方法
五氨硝基苯	40% 粉剂	取 1 份加细土 100~200 份，撒在病部根茎处
三唑醇	15% 可湿性粉剂	800 ~ 1000 倍液于发病初期喷雾
恶酮 · 霜脲氰（抑快净）	52.5% 水分散粒剂	1500 ~ 2000 倍液于发病前或发病初期喷雾

西葫芦灰霉病

[诊断]

病菌多从残花染，病花腐烂霉层显。
感染幼瓜快发展，密生灰霉幼瓜烂。
病花病瓜传染源，清除不完要蔓延。

[防治]

清除残体洁田园，控温降湿株体健。
高畦栽培地膜盖，雨后及时把水排。
花期使用防落素，溶液配兑掌握度。
嘧霉胺剂速克灵，甲硫霉威好效应。
灭霉灵粉细喷雾，瓜条和花是重点。
棚室栽培烟剂选，傍晚施用效果显。

西葫芦灰霉病

防治西葫芦灰霉病使用药剂

通用名称（商品名称）	剂型	使用方法
嘧霉胺	40% 悬浮剂	800~1200 倍液病初喷洒
甲硫·霉威	65% 可湿性粉剂	1000 倍液喷雾
福·异菌（灭霉灵）	50% 可湿性粉剂	800 倍液喷雾
腐霉利（速克灵）	50% 可湿性粉剂	1000 倍液喷雾

（注：以上药剂重点防治部位是花和瓜条，也可在病前对幼瓜和花部局部喷药，两次用药间隔 7 天左右）

西葫芦病毒病

[诊断]

叶片果实均感染，卷曲花叶和泡斑。
节间缩短株矮化，病株瓜少或无瓜。
病毒严重看心叶，心叶变小呈鸡爪。
秋茬葫芦病毒多，防止蚜虫来传播。

[防治]

抗病品种认真选，种子消毒首当先。
培育壮苗适定植，加强栽管预防病。
浇水降温防干旱，防治蚜虫减病原。
肥水管理要加强，积极喷药把病防。
宁南霉素菌毒宁，克毒星剂好效应。

西葫芦病毒病

防治西葫芦病毒病使用药剂

通用名称（商品名称）	剂 型	使 用 方 法
菇类蛋白多糖（菌毒宁）	0.5% 水剂	200 倍液在病毒病初发期喷雾
吗啉·乙酸铜（克毒星）	20% 可湿性粉剂	500 倍液喷雾
宁南霉素	2% 水剂	500 ~ 700 倍液均匀喷雾

西葫芦白粉病

［诊断］

葫芦白粉害叶片，叶面正反白粉斑。
严重白粉满叶面，最后整叶褐枯干。

［防治］

抗病品种要选好，多病棚室不育苗。
喷洒药剂控病原，三唑酮或多硫悬。
福星仙生菜菌清，轮换喷施好效应。
白粉发生防治难，技术要点记心间。

防治西葫芦白粉病使用药剂

通用名称（商品名称）	剂 型	使 用 方 法
三唑酮	20% 乳油	2000 倍液喷雾
多·硫	40% 悬浮剂	600 ~ 700 倍液喷雾
氟硅唑（福星）	40% 乳油	8000 倍液喷雾
腈菌唑·锰锌（仙生）	62.5% 可湿性粉剂	600 ~ 800 倍液喷雾
二氯异氰脲酸钠（菜菌清）	20% 可溶性粉剂	400 倍液喷雾

西葫芦立枯病

[诊断]

茎基根尖易侵染，拔出病苗褐斑见。
病斑水浸状凹陷，围绕茎周转一圈。
蜂腰症状很明显，染病严重全株蔫。

[防治]

药土处理苗床好，拌种双粉很有效。
种子包衣农药拌，病害虫害均能减。
苗床管理要加强，既通风来又透光。
铜高尚悬土菌消，烯酰锰锌效率高。

防治西葫芦立枯病使用药剂

通用名称（商品名称）	剂 型	使 用 方 法
碱式硫酸铜（铜高尚）	27.12% 悬剂	600 倍液喷雾
恶霉灵（土菌消）	45% 水剂	450 倍液喷雾
烯酰·锰锌	69% 可湿性粉剂	1000~1500 倍液喷雾，避免连续使用

西葫芦细菌性叶枯病

[诊断]

温室大棚最常见，细菌感染害叶片。
病斑经常在叶面，初显病状薄纸斑。
形似圆形或近圆，逐渐扩展色稍变。
透明呈现斑中间，病斑四周褐色显。
点片出现少蔓延，病叶后期缘上卷。

[防治]

通风透光湿度减，黄瓜角斑方法看。

西葫芦蔓枯病

[诊断]

该病温室不多见，个别植株病菌染。
茎基感病黄条斑，扩展病斑裂缝显。
病斑黄褐溢黏物，黏物琥珀树脂胶。
茎表向内生病变，维管没有褐色变。
后期病部易枯干，不定根系病前产。

[防治]

茎节根系多培养，感病茎蔓正常长。

西葫芦褐腐病

[诊断]

病菌多从花蒂入，初期花果水浸腐。
瓜皮逐渐色褐变，大头针状褐毛显。
高温高湿快扩展，温棚生产尤常见。
灰霉褐腐容易混，病状相似菌不同。
正确诊断要镜检，定性准确药好选。

[防治]

防止感染需倒茬，坐果以后摘残花。
花前农药及时喷，科博湿粉百菌清。
霜脲锰锌效果显，间隔十天用两遍。

防治西葫芦褐腐病使用药剂

通用名称（商品名称）	剂型	使用方法
波·锰锌（科博）	78%可湿性粉剂	500倍液喷雾
百菌清	40%可湿性粉剂	600倍液喷雾
霜脲·锰锌	72%可湿性粉剂	600倍液喷雾

西葫芦根霉腐烂病

[诊断]

病菌常从败花染，果实生病最常见。
瓜条脐部病首现，迅速扩展坏腐烂。
大头针状霉层产，灰黑或者黑色变。
烂瓜腥臭味道散，记住特点好诊断。

[防治]

大水漫灌要避免，残花病瓜及时捡。
阴雨天前先喷药，代森锰锌异菌脲。
间隔七天喷二遍，杀灭病菌不传染。

防治西葫芦根霉腐烂病使用药剂

通用名称	剂 型	使 用 方 法
代森锰锌	80% 可湿性粉剂	600 倍液喷雾
异菌脲	50% 可湿性粉剂	1000 倍液喷雾

南瓜白粉病

[诊断]

白粉主要害叶片，病初正反叶片观。
背面产生白粉斑，逐渐扩大连成片。

[防治]

设施消毒第一点，百菌烟剂来熏烟。
硫黄粉子混锯末，密闭熏蒸好效果。
高酯膜剂洒病前，保护叶片效果显。
三唑酮粉百菌清，特富灵粉好效应。
以上药剂互轮换，间隔七天喷二遍。

南瓜白粉病

防治南瓜白粉病使用药剂

通用名称（商品名称）	剂型	使用方法
百菌清	45% 烟剂 75% 可湿性粉剂	250~300 克 /667 米^2 熏烟 800 倍液喷雾
三唑酮	20% 乳油	2000 倍液喷雾
高脂膜	27% 水粒	100 倍液喷雾保护叶片
氟菌唑（特富灵）	30% 可湿性粉剂	1200~2000 倍液喷雾

南瓜炭疽病

[诊断]

果实受害是重点，叶片茎蔓不感染。
成熟果实病易染，初现浅绿水渍点。
后成暗褐凹陷斑，病斑凹处龟裂产。
湿大病斑中部看，粉红黏物便出现。

[防治]

非瓜蔬菜轮三年，种子消毒放在先。
温水浸种或药泡，福尔马林效果好。
清除残体减菌源，绑蔓采收露要干。
农抗霉素或炭可，炭疽福美使百克。
以上药剂互轮换，间隔七天保安全。

防治南瓜炭疽病使用药剂

通用名称（商品名称）	剂型	使用方法
福·福·锌（炭疽福美）	80% 可湿性粉剂	800 倍液喷雾
多福·溴菌（炭可）	40% 可湿性粉剂	800 倍液喷雾
米鲜胺（使百克）	25% 乳油	1000 倍液喷雾
农抗霉素	2% 水剂	200 倍液喷雾

[诊断]

主害茎蔓和叶片，果实有时也侵染。
起初茎蔓水渍现，产生长圆形斑点。
病斑灰褐褐边缘，琥珀树胶有时显。
叶片染病缘内展，形成圆形V字斑。
或者黄褐至黑斑，后期容易成溃烂。
果实如若把病感，果面白斑形近圆。
或者黄色圆斑产，随后灰褐至褐变。
病入果皮引腐干，腐生病菌乘机染。
果柄如若把病染，黄褐裂缝多出现。

[防治]

种子消毒第一点，非瓜蔬菜轮二年。
棚室南瓜防病害，增温通风把湿排。
高畦栽培膜下灌，配方施肥株体健。
福星乳油百菌清，病初喷洒好效应。
加瑞农粉和靠山，三至四天喷一遍。

防治南瓜蔓枯病使用药剂

通用名称(商品名称)	剂型	使用方法
百菌清	40%悬剂 75%可湿性粉剂	50倍液涂抹病部 600倍液喷雾
氧化亚铜(靠山)	56%水剂	600~800倍液喷雾
福星	40%乳油	4000倍液喷雾
春雷氰氧铜(加瑞农)	47%可湿性粉剂	700倍液喷雾

南瓜斑点病

[诊断]

主害花轴和叶片，叶斑圆形或近圆。
或者不规形病斑，病斑边缘黑褐现。
病健交界很明显，病斑中央小黑点。
严重病斑融合连，导致叶片局部完。
花轴或花把病染，黑色或者褐腐烂。

[防治]

露地栽培积水免，整枝打杈不宜晚。
打掉老叶株体健，株间透性应改善。
设施栽培地膜苫，通风排湿膜下灌。
病初喷洒多菌灵，甲基托布百菌清。
以上药剂互轮换，间隔七天防二遍。

防治南瓜斑点病使用药剂

通用名称（商品名称）	剂型	使用方法
甲基硫菌灵（甲基托布津）	70% 可湿性粉剂	800 倍液喷雾，7~10 天 1 次，连防 2~3 遍
百菌清	75% 可湿性粉剂	600 倍液喷雾
多菌灵	50% 可湿性粉剂	600 倍液喷雾

南瓜霜霉病

[诊断]

南瓜霜霉有特点，多角病斑不明显。
只是形状略微圆，最初叶上现小斑。
病情扩展黄褐变，湿大叶背白霉产。
严重病斑很显眼，病部迅速枯萎变。

[防治]

南瓜霜霉很普遍，高温露水病扩展。
及时防治危害少，黄瓜霜霉作参照。

[诊断]

幼苗染病子叶看，黄白近圆形病斑。
叶片如若把病染，初为污绿圆形点。
穿孔之后边缘观，边缘不齐皱缩产。
嫩茎染病梭形斑，湿大病斑黑霉产。
而后颜色变成暗，凹陷龟裂能看见。
顶点染病只几天，形成突桩全部烂。
瓜蔓如若把病感，病部中间成凹陷。
形成疮痂状病斑，灰黑霉层生表面。
果实染病流胶产，逐渐扩大凹斑显。
表面黑霉仔细检，病部停止生长难。

[防治]

种子消毒放在前，多菌灵粉把种拌。
非瓜蔬菜来轮作，采用滴灌盖地膜。
栽培管理应加强，生态防治要提倡。
发病初期药喷洒，丙森锌粉控病发。
武夷菌素抑快净，福星乳油苯菌灵。
以上药剂互轮换，间隔七天防二遍。

防治南瓜黑星病使用药剂

通用名称（商品名称）	剂型	使用方法
多菌灵	50% 可湿性粉剂	用种子重量的 0.3% 拌种
武夷菌素	2% 水剂	200 倍液武夷菌素与 3000 倍液福星或 500 倍液丙森锌或 1000 倍液苯菌灵混合，60 升 / 667 米^2 喷洒，7 天 1 次，连喷 3 次
氟硅唑（福星）	40% 乳油	
丙森锌	700% 可湿性粉剂	
苯菌灵	50% 粉剂	
恶酮·霜脲氰（抑快净）	52.5% 水分散粒剂	1500 倍液喷雾

南瓜疫病

[诊断]

南瓜疫病有特点，茎叶果实均感染。
茎蔓染病呈凹陷，状似水渍变细软。
茎部以上枯死变，白色霉层病部产。
叶片染病水渍斑，初为圆形色呈暗。
常常下垂并腐软，干燥灰褐脆裂现。
果实染病暗绿斑，凹陷水渍很明显。
最后迅速来扩展，白色霉物病部产。

[防治]

抗病品种认真选，非瓜蔬菜轮三年。
深沟高畦地膜苫，配方施肥化肥减。
雨前浇水应停止，雨后及时排水渍。
拔除病株要毁烧，硫酸铜液种毒消。
中心病株若发现，药剂防治是重点。
甲霜铜粉杀毒矾，抓紧时机喷和灌。

防治南瓜疫病使用药剂

通用名称（商品名称）	剂型	使用方法
硫酸铜	1% 溶液	浸种 25 分钟
甲霜·铜	50% 可湿性粉剂	800 倍液喷雾
恶霜·锰锌（杀毒矾）	64% 可湿性粉剂	500 倍液喷雾

（注：以上药剂应在雨季到来之前 5~7 天施药，喷洒与浇灌并举，采收前 3 天停止用药）

南瓜病毒病

[诊断]

叶片果实均感染，症状多显嫩梢端。
花叶病斑多常见，黄绿斑驳显叶面。
果实感病果面看，瘤状凸起很显眼。

[防治]

防治工作要做好，西葫芦病毒作参照。

南瓜镰孢果腐病

[诊断]

设施露地均可见，幼瓜容易被感染。
病初果实色褐变，后期病部白霉显。
干燥褐色僵果产，湿度大时呈腐烂。

[防治]

高垄栽培防积水，发现病果要销毁。
果实要用干草垫，接触土壤要避免。
多硫悬剂溶菌灵，防治此病好效应。

防治南瓜镰孢果腐病使用药剂

通用名称（商品名称）	剂型	使用方法
多·硫	40% 悬浮剂	500 倍液喷雾
多菌灵磺酸盐（溶菌灵）	50% 可湿性粉剂	800 倍液喷雾

黄瓜子叶边缘上卷发白

[诊断]

子叶发白向上卷，一般俗称镶白边。
降温太快难适应，通风过猛是原因。

[防治]

通风换气应加强，注意风口避苗床。
通风应把时间看，中午温高最关键。
温湿勤调科学管，温床火炕是条件。

黄瓜闪苗

[诊断]

低温无光天连阴，营养消耗无抗性。
环境条件突改变，天阴骤晴注意看。
边缘卷枯生白斑，水浸失绿叶萎蔫。
定植前后易发生，通风过猛是原因。

[防治]

温度管理保证好，昼夜温差合理调。
科学通风要记牢，从小到大秧苗保。
萎蔫现象若发现，赶快盖帘可复原。
秧苗恢复要正常，揭盖草帘互轮换。
逐渐适应风大量，再让幼苗把光见。

黄瓜低温伤害

[诊断]

叶色变黄叶缘垂，充水斑块显叶背。
脉间叶肉枯死完，症状逐渐往外现。
低温过后叶仍干，生产注意不误断。

[防治]

培育壮苗把苗炼，及时应对天气变。
天气预报经常看，遭遇寒冷加草帘。
若有寒流勤防范，夜间专人要值班。
幼苗受冻危害严，保护秧苗渐复原。
覆盖草帘不全撤，缓慢通风把阴遮。
冻害只到生长点，不要急于把秧铲。
龙头叶片摘除完，促进新头快发展。

黄瓜叶片灼伤

[诊断]

叶脉之间现灼斑，褪绿发白连成片。
严重整叶全白变，发病多在室南端。

[防治]

立即通风把温降，温湿调控不拖延。
栽培后期光过强，注意通风并遮阳。

黄瓜花斑叶

[诊断]

蛤蟆皮叶是俗称，植株中部易发生。
脉间花斑有深浅，浅色部分渐黄变。
叶面凹凸很难看，整叶黄硬缘下卷。
温度调控放在先，平衡养分是关键。

黄瓜花斑叶

[防治]

肥水管理要加强，中耕提温根系壮。
增施熟肥微素补，浇水均匀不过度。
温度湿度调控好，植株调整相配套。
科学用药应记牢，含铜药剂量要小。

黄瓜化瓜

[诊断]

幼瓜形成停生长，容易脱落产量降。
天阴蔓弱无光照，高温干旱浇水少。
雌性品种瓜码多，密度过大无光效。
肥料不足营养小，温差过小多消耗。
氮磷钾肥不协调，单性结实能力弱。

[防治]

人工授粉配合好，阴雨低温增光照。
高效液肥喷洒叶，磷酸二钾氮糖液。
温度气体认真调，结瓜长秧相协调。

黄瓜降落伞状叶

[诊断]

新生叶片仔细看，颜色变黄在叶缘。
黄化部位渐枯萎，叶片中央有凸起。
缘卷好似降落伞，症状轻时难分辨。
中部叶片症状明，严重时候可封顶。
仔细查看幼叶缘，再把叶脉之间看。
出现透明白色斑，缺钙症状叶缘显。

黄瓜降落伞状叶

天气连阴气不换，叶片抑制蒸发难。

[防治]

科学通风不能忘，温湿调控要加强。

防治重点棚室看，保温性能最关键。

黄瓜褐色小斑病

[诊断]

低温多湿光照弱，褐色小斑发生多。

顺沿叶脉生褐点，或有叶脉油浸斑。

全叶出现小斑点，病轻叶片仍可长。

重时脉间黄条斑，叶片枯死黄褐变。

果实不良瓜条短，防治要把原因看。

[防治]

科学选种第一点，酸碱中和改土壤。

科学施肥钙适量，栽培管理要加强。

褐色小斑若出现，磷钙镁肥洒叶面。

叶片背面菌脓产，确诊之后喷农链。

黄瓜生理性萎蔫

[诊断]

冬春棚室多常见，阴雪后晴易出现。

植株生长发育健，晴天中午叶突蔫。

傍晚多半能复原，查看维管无色变。

[防治]

叶片出现急萎凋，雨后天晴水速浇。

黄瓜生理性萎蔫

地面温度要下调，浇水先打排水道。
连续阴雪无光照，环境调控很重要。
隔帘揭开把光见，开帘发现有萎蔫。
立即盖上待复原，反复几次保秧健。
如果萎蔫比较重，清水喷雾在叶面。

黄瓜黄化叶

[诊断]

中上叶片急剧黄，早晨叶面水浸状。
中午水浸消失完，随后黄化不可免。
叶脉除外叶黄遍，黄化主因有两点。
气温地温多下降，光照不足根不长。

[防治]

地温低时水少浇，地膜覆盖效果好。
增施机肥地温高，根系健壮黄叶少。

黄瓜花打顶

[诊断]

发病原因有几种，干旱肥害和低温。
顶点节间已缩短，雌雄花朵合一点。
瓜秧顶端无心叶，提高产量很困难。

[防治]

疏花摘瓜减负担，叶面喷施磷二钾。
氨基酸类叶面施，促进生长最捷径。
温度管理认真调，花打顶时把水浇。

黄瓜花打顶

密闭温室湿度保，白天夜间温提高。
冬春黄瓜注意看，植株生长很缓慢。
生长点处雌花产，冬春黄瓜最常见。
常被误认花打顶，浇水施肥正常行。
黄瓜节间能伸长，自然消失无症状。
认真查看不误断，经济损失能避免。

黄瓜幼苗戴帽出土

[诊断]

幼苗出土子叶撮，种皮不脱称戴帽。
子叶被夹不开张，光合作用受影响。
损坏子叶苗不良，造成弱苗降产量。

[防治]

精细播种底水浇，浸种催芽效果好。
播后碎草把湿保，育苗床土湿润到。
发现戴帽喷水防，轻摘种皮叶不伤。

黄瓜子叶有缺刻或扭曲出土

[诊断]

出土黄瓜幼苗看，叶缘不整缺刻产。
有的子叶不平展，扭曲出土很难看。

[防治]

防治办法很简单，幼苗戴帽具体看。

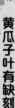

黄瓜子叶过早干枯脱落

［诊断］

环境不良管不严，子叶过早落枯干。
植株生长无影响，幼苗生长呈不良。

［防治］

加强肥水育壮苗，首选育苗营养钵。
早春地温应测报，适时定植不宜早。
提高棚室保温性，解决问题有效应。

黄瓜幼苗徒长

［诊断］

徒长苗子大叶面，叶薄茎细色泽淡。
节间距离大而显，组织柔嫩根系短。
徒长秧苗抗性减，容易受冻把病染。
空气环境若燥干，导致叶片易萎蔫。
营养不良发育慢，花量稀少结果晚。
落花早熟畸果产，品质产量影响全。

［防治］

科学建造育苗床，向阳开阔地平坦。
合理配土适量氮，覆盖材料仔细选。
严加管理把苗间，苗子过密应避免。
子叶出土防高温，仔细观测适通风。
早揭晚盖保温草，昼夜温差保持好。
阴天通风把气换，幼苗见光很关键。

黄瓜缓苗异常

[诊断]

定植之后第七天，异常现象易出现。
株下第一叶片看，不规白斑很明显。
褪绿斑点色泽淡，类似氨害灼伤斑。
子叶过早落枯干，上部叶片仍健全。

[防治]

护根育苗适定植，提高温室保温性。

黄瓜嫁接苗萎蔫

[诊断]

嫁接幼苗中午蔫，早晚尚可能复原。
严重秧苗蔫永远，不能恢复子叶干。
萎蔫多在接口上，嫁接失败苗死亡。

[防治]

确定播期首当先，嫁接以前消毒全。
接穗砧木科学选，病苗弱苗淘汰完。
嫁接时间选晴天，技术方法应熟练。
环境调控最关键，温湿光照要勤管。
阴天多把湿度减，中午前后盖草帘。
接口切忌尘土染，白天强光应避免。

黄瓜苗沤根

[诊断]

低温季节易沤根，根部不把新根生。
根皮锈褐易腐烂，茎苗极易拔外边。
茎叶生长很缓慢，叶片逐渐黄绿变。
叶缘枯黄很明显，直至整叶皱缩完。

黄瓜苗沤根

幼苗不生新叶片，严重整株枯死干。

[防治]

床土疏松床面平，浇水之后不下沉。

光照充足温度保，科学管理水适浇。

施用底肥要均匀，适时适量来通风。

轻微沤根升地温，促使病苗生新根。

黄瓜叶片生理积盐

[诊断]

上午八至九时间，棚室早春黄瓜看。

黄瓜植株叶表面，水膜水珠蒸发完。

白色叶缘盐渍现，盐渍开口向外边。

形状不规呈半圆，肥量超标成积盐。

[防治]

农肥增施化肥减，发现症状浇水缓。

黄瓜叶片生理性充水

[诊断]

早晨如果揭草苫，黄瓜叶片背面看。

病斑多角或斑圆，误断霜霉或角斑。

仔细观察不一样，实为生理充水状。

温度升高渐消除，次日症状不显出。

生理充水植株观，生长衰弱是特点。

[防治]

及时覆膜盖草苫，增温保温是关键。

黄瓜涝害

[诊断]

涝害发生大田间，下部叶片首表现。
叶面出现锈色斑，脉间叶肉褪绿显。
叶片质地生脆变，严重下叶脱落完。

[防治]

高畦栽培多提倡，雨后中耕松土壤。

黄瓜生理变异株

[诊断]

生理变异抓特点，截面长方茎节扁。
然后再从外表观，每节长叶二三片。

[防治]

生理变异结瓜小，产量相对有减少。
育苗定植是关键，避免过量施用氮。

黄瓜歪头

[诊断]

主要发生冬春茬，杂交品种多易发。
龙头叶片小而弯，低于邻近大叶片。
重时叶芽分化难，生长点处秃尖现。
瓜秧尚可能生长，管理得当可正常。
提高产量受影响，早期产量明显降。

[防治]

正确选种秧苗壮，肥水管理应加强。
遇到歪头及早采，部分雌花也应摘。
温度回升适水灌，歪头现象能缓解。
含硼微肥喷叶面，激素喷花应避免。

黄瓜白网边叶

[诊断]

棚室黄瓜最常见，植株中上易出现。
症状表现先叶尖，顺沿叶缘两边展。
叶片边缘向内看，缘内网脉现白变。
重病可向叶内染，后期叶缘成枯干。

[防治]

防治原因找在前，钾剩镁缺症状产。
科学施肥多提倡，补充镁肥最关键。
叶片出现白网边，硫酸镁液喷叶面。

黄瓜金边叶

[诊断]

金边又被称黄边，棚室黄瓜最常见。
金边镶在叶边缘，组织一般不坏变。
生长点缩叶长慢，定植采收易出现。
要与枯边细分辨，查明原因好诊断。

[防治]

发病主因是缺钙，预防不力多为害。
适量浇水防干旱，科学施肥是关键。
叶面喷洒硼酸液，提高地温症状减。

黄瓜白化叶

[诊断]

棚室黄瓜较普遍，叶片早枯产量减。
发病叶片主脉看，脉间叶肉褪绿变。
黄白色泽很明显，褪绿部分顺次延。
渐向叶缘来扩展，直至脉间黄白完。

黄瓜白化叶

但是叶缘绿不变，俗语称作叶绿环。
发展后期叶脉检，脉间叶肉色褪完。
常与绿脉对比鲜，俗语称作白叶片。
病叶早早成枯样，重者全呈发白状。

[防治]

植株缺镁是根源，硫酸镁液喷叶面。
适期浇水不漫灌，过酸过碱应避免。
合理施肥调土壤，特别钙肥要适量。

黄瓜泡泡叶

[诊断]

冬茬春茬多出现，中下叶片容易产。
叶片得病抑生长，光合能力也下降。
病初叶面鼓泡泡，各叶数量差异多。
叶片正面成凸隆，背面凹进叶不平。
凹陷之处白毯物，但是上面病菌无。
凸起部分渐褪绿，最后颜色成灰白。

[防治]

品种抗性首当先，低温弱光是关键。
温度湿度经常看，合理浇水不漫灌。
覆盖材料要选好，无滴棚膜不可少。
反光帘幕挂后墙，二氧化碳肥提倡。

黄瓜枯边叶

[诊断]

枯边又被称焦边，中部叶片多常见。
病叶叶缘干边产，深达叶肉半厘间。

[防治]

配方施肥应提倡，追施化肥要适量。
夏季休闲大水灌，浸泡半月来洗盐。
科学通风记心间，合理用药药害免。

黄瓜白点叶

[诊断]

生长稍弱叶形键，但是叶片生白点。
形状不定散叶面，白点不合成一片。
重时叶片布满斑，造成整叶枯死干。

[防治]

酸性肥料改土壤，地面盖草来保墒。
降低土壤镍含量，合理施肥秧苗壮。

黄瓜叶片皱缩

[诊断]

叶沿叶脉皱缩变，叶脉扭曲很难看。
叶片外卷畸形产，叶缘不规褪绿现。
病重生长点细看，附近叶片萎缩干。
黄瓜果表木质化，瓜类空腔特别大。

[防治]

植株缺硼是根源，硼肥溶液洒叶面。
每亩追施一千克，皱缩症状能解除。

黄瓜顶端匙形叶

[诊断]

棚室黄瓜势弱长，上部叶片下垂黄。
中下叶片褪绿变，植株顶叶不开展。
边缘上卷呈匙状，重时叶缘枯死样。
植株生长停滞缓，严重之时产量减。

[防治]

叶片匙状原因查，土壤缺铜症状发。
撒施石灰改土壤，科学施肥应提倡。
多用含铜杀菌药，防病补铜双疗效。
缺铜症状若发现，硫酸铜液喷叶面。

（注：硫酸铜液的浓度是 0.1% ~ 0.2%）

黄瓜下部叶片变黄

[诊断]

棚室黄瓜多常见，定植之后始出现。
下叶向上黄化渐，最后干枯脱落完。
结瓜期间若发现，叶片由下上黄变。
这种植株少根量，并且容易受损伤。

[防治]

下叶黄化有根源，根系低温损伤产。
植株喷洒萘乙酸，小水冲入铵态氮。
密闭温室提温度，七至十天正常管。
如若缺肥叶片黄，浇水施肥通透光。

（注：萘乙酸使用浓度为 2000 毫克 / 升）

黄瓜龙头龟缩

[诊断]

生长点处大叶片，叶位高于生长点。
生长点缩叶下边，植株细弱生长慢。

[防治]

发病原因有好多，低温冷害长势弱。
浇水施肥不得当，造成龙头龟缩样。
此病症状在地上，但是须从根上防。
爱多收加萘乙酸，兑好药液根下灌。
采摘瓜条节营养，促发新根再生长。

（注：萘乙酸和爱多收以使用浓度为各为5毫克/升相混合）

黄瓜蔓徒长

[诊断]

温室黄瓜定植间，如遇连续晴阴天。
高温高湿氮过量，致使瓜秧节变长。
茎粗柄长大叶片，生长点处特明显。
叶茎淡黄须细长，侧枝早长营养旺。
雌花衰弱小子房，果叶大小不相当。
化瓜现象较容易，病易感染抗性低。
幼瓜不膨减产量，产瓜能力呈下降。

[防治]

合理密植多见光，均衡肥水秧苗壮。
配方施肥多提倡，氮肥不可施过量。
见干见湿控水量，采前浇水防徒长。
温湿光照勤查看，曲形吊蔓效果显。

黄瓜畸形瓜

[诊断]

瓜条形状好多样，膨大发育受影响。
顶部较尖瓜条短，有时尖嘴略曲弯。
瓜条中部缢缩变，状如蜂腰很难看。
蜂腰黄瓜纵切开，变细部分果肉裂。

[防治]

抗病品种仔细选，单性结实是重点。
均匀浇水是关键，病害干旱预防先。
科学施肥畸瓜减，环境调控要抓严。
结瓜期间适绑蔓，植株调整记心间。

黄瓜瓜佬

[诊断]

棚室黄瓜多常见，结出黄瓜像瓜蛋。
鸡蛋大小称瓜佬，结瓜原因认真找。
花芽分化未完成，雌雄界线不分明。

[防治]

化芽分化增光照，相对湿度掌握好。
早期容易生瓜佬，结合疏花剪除掉。

瓜类叶片破碎

[诊断]

环境突变叶脱水，撤膜之后叶破碎。
轻者叶缘褪绿干，重者整叶全破散。
叶片生理受影响，发病原因好多样。

瓜类叶片破碎

[防治]

农业措施应加强，施肥浇水要适量。
适期揭膜最关键，揭前七天秧苗炼。
揭除薄膜选晴天，逐日加大记心间。

西瓜肉质恶变果

[诊断]

果肉多呈水渍状，颜色紫红变了样。
严重种子质地变，果肉变紫成溃烂。

[防治]

多施机肥地深翻，磷酸二钾喷叶面。
七至十天喷一遍，连喷三遍株体健。
夏季高温光照强，草苫盖果挡强光。

（注：0.3% 磷酸二氢钾粉剂每隔 7 天喷 1 次，连喷 2 次）

西瓜裂果

[诊断]

花蒂之处生龟裂，幼果熟果均裂变。
皮薄个小瓜品种，裂果经常容易生。
防治需把原因找，极度干旱水突浇。
高温多雨裂果多，均衡灌水有效果。

[防治]

适宜品种仔细选，实行深耕地膜苫。
果实熟期禁漫灌，水分过大应避免。

西瓜脐腐果

[诊断]

果实顶部多凹陷，颜色发生黑褐变。
湿度大时菌侵染，黑色霉物长果面。

[防治]

瓜田深耕把墒保，多施熟肥脐果少。
过磷酸钙喷叶面，安全间隔十五天。

（注：1%过磷酸钙粉剂每隔15天喷1次，连喷2～3次）

西葫芦畸形果

[诊断]

葫芦畸形有好多，大肚尖嘴和蜂腰。
发病原因几方面，长势衰弱气候变。
不良授精和授粉，尖嘴棚室易发生。
肥水不均营养差，易产蜂腰大肚瓜。

[防治]

冬春棚室细管理，增加光照气温提。
适期灌水和追肥，人工授粉应积极。
病虫害要及时防，功能叶片不可伤。

甜瓜日灼

[诊断]

发病主在果面上，向阳瓜面褪绿状。
色泽黄白至黄褐，果实上面有光泽。
后变白色黄褐斑，干缩变硬后凹陷。
日灼部位若侵染，长出黑霉或腐烂。

甜瓜日灼

日灼如若在叶片，失绿褪色较明显。
半叶发生漂白变，最后黄焦叶枯完。

[防治]

农业防治是重点，土壤透性应改善。
加强通风叶温降，光照过强遮阳光。
及时灌水免灼伤，适度整枝株势强。
药剂喷洒要跟上，硫酸铜液灼伤防。

（注：硫酸铜液的浓度是0.1%～0.2%）

黄瓜霜霉病与灰霉病

[区别]

霜霉主要害叶片，灰霉主害花和瓜。
霜霉叶片先感染，灰霉染花花腐烂。
霉层灰黑是霜霉，灰霉霉层灰褐色。

黄瓜细菌性角斑病与霜霉病

[区别]

角斑病斑角多小，霜霉病斑角大多。
颜色穿孔仔细看，角斑灰白颜色浅。
后期叶片易裂穿，霜霉斑色黄褐显。
并且叶片不裂穿，叶背病症最关键。
角斑湿时水浸显，白色菌脓上边产。
湿时霜霉最易辨，黑色霉层长背面。
角斑病叶对光看，无霉透亮有光感。

黄瓜蔓枯病与枯萎病

[区别]

二者病斑溢胶物，枯萎流出松香胶。
湿时白或粉红霉，蔓枯胶物琥珀色。
病处密生小黑点，鉴别关键看维管。
枯萎维管变褐色，蔓枯维管不褐变。
枯萎嫁接病害免，蔓枯防治药重点。

西瓜黑斑病与蔓枯病

[区别]

西瓜黑斑不枯蔓，蔓枯病害蔓枯干。
黑斑湿时黑霉现，蔓枯湿时红霉产。

七、茄果类蔬菜病害诊断与防治

番茄早疫病

[诊断]

苗期成株均可染，危害果茎和叶片。
病初叶片小黑点，发展褐色轮纹斑。
边缘多显黄晕环，病斑易受叶脉限。

下部叶片多病斑，高温高湿快发展。
茎部分枝多感病，病斑黑褐椭圆形。
叶柄受害轮纹斑，色褐或黑形椭圆。
果实染病果蒂面，形似椭圆黑色斑。
病斑变硬下凹陷，黑色霉层显斑面。

[防治]

热水浸种把毒消，无菌土壤来育苗。
保温通风湿度降，增施磷钾抗性强。
定植之前要熏烟，硫黄点燃在傍晚。
成株茎部生病斑，刮除病斑放在先。
代森锰锌扑海因，涂抹病部效果灵。
天阴熏蒸速克灵，百菌烟剂好效应。

防治番茄早疫病使用药剂

通用名称(商品名称)	剂 型	使 用 方 法
异菌脲(扑海因)	50% 可湿性粉剂	200 倍液涂抹病部或1000 倍液喷雾
代森锰锌	70% 可湿性粉剂	500 倍液喷雾或 5 倍涂抹患部
百菌清	5% 粉尘 45% 烟剂	1 千克 /667 米 ^{2} 喷撒 200~250 克 /667 米 ^{2}，9 天 1 次
腐霉利(速克灵)	10% 烟剂	200~250 克 /667 米 ^{2}

番茄灰霉病

[诊断]

病菌多自残花染，青果多从果蒂烂。
叶片发病始叶尖，向内扩展V形斑。
密生灰霉病斑面，茎秆染病轮纹斑。
病斑环缢易折断，茎蔓枯死难复原。

[防治]

生态防治经常用，高温通风可抑菌。
摘除败花防侵染，清除病体洁田园。
速克灵兑2，4-D，浸蘸花朵心要细。
保果防病双效应，异菌福或多菌灵。
关键时期轮换用，提高防效病能控。

防治番茄灰霉病使用药剂

通用名称（商品名称）	剂型	使用方法
2,4-D	72%乳油	在兑好的2,4-D溶液中加入0.3%速克灵进行蘸花或涂抹，或1000倍液喷雾
腐霉利（速克灵）	0.3%可湿性粉剂	
异菌福（利得）	50%可湿性粉剂	800倍液喷雾
多菌灵	50%可湿性粉剂	500倍液喷雾

番茄叶霉病

[诊断]

高温高湿是条件，该病初发自叶片。
叶背出现浅黄斑，病斑无形或椭圆。
叶片正面变黄色，叶背病斑生绒霉。
病斑扩大叶脉限，叶脉之间成大斑。

下部叶片先感染，病叶严重叶片卷。
病生叶缘和叶尖，出现无形水浸斑。
叶斑扩大色变褐，病界叶背白霉物。
叶柄茎部褐腐烂，病上植株成萎蔫。
茎上病斑稍凹陷，白霉状物较明显。
果实染病斑块硬，色变黑褐云纹形。
潮湿白霉盖病斑，质地硬实不腐软。

[防治]

优良品种首当先，种子消毒第一点。
天阴弱光病常见，生态防治不可免。
控水通风见光照，高温杀菌很重要。
合理轮作减病原，配方施肥株体健。
温室消毒把烟熏，硫黄锯末要混匀。
代森锰锌多菌灵，春雷霉素好效应。

番茄叶霉病

防治番茄叶霉病使用药剂

通用名称（商品名称）	剂型	使用方法
多菌灵	50% 可湿性粉剂	500 倍液喷雾
代森锰锌	70% 可湿性粉剂	500 倍液喷雾 5 倍涂抹患部
春雷霉素	2% 水剂	400 ~ 500 倍液喷雾

注：以上药剂发病初期交替使用，间隔 7 天 1 次，连喷 3 次，着重喷撒叶片背面。

[诊断]

番茄病毒有三种，花叶条斑蕨叶型。
花叶类型分轻重，轻型花叶状不明。
叶片绿色深浅斑，株不矮化叶不变。
重症花叶产量减，新叶变化最明显。
叶小细长畸形歪，果小质劣植株矮。
黄色花叶很鲜艳，鲜黄淡绿互相嵌。
高温呈现黄斑少，有时新叶变窄小。
条斑病状危害重，病显叶片和果茎。
茎秆先生短条斑，色呈暗绿稍凹陷。
后变深褐坏死斑，并且迅速向下延。
果实发病色褐陷，后生油渍坏死斑。
果面凸凹很难看，最终畸形龟裂烂。
蕨叶类型形状怪，叶缘卷曲叶脉歪。
幼叶细长不生长，有时变成螺旋状。
侧枝丛生叶呈线，上生蕨叶节间短。

[防治]

轮作倒茬植株健，抗病品种要首选。
种子消毒须记牢，洗净催芽播种好。
适时播种育壮苗，掌握苗龄很重要。
中耕培土盖地膜，防病增产有效果。
一次打杈不能早，七八厘米才正好。
化学农药要选准，叶片正反都要喷。
宁南霉素克毒灵，毒消水剂好效应。

番茄病毒病

防治番茄病毒病使用药剂

通用名称（商品名称）	剂　型	使 用 方 法
宁南霉素	2% 水剂	500 倍液喷雾
菌毒·吗啉胍（克毒灵）	7.5% 水剂	500 倍液喷雾
混脂酸·铜（毒消）	24% 水剂	700 ~ 800 倍液喷雾

注：以上药剂发病初期交替使用，间隔 7 天 1 次，连喷 3 次，着重喷洒叶片背面。

番茄晚疫病

[诊断]

中下叶片先发病，缘尖病斑不定形。
初为水浸绿色暗，茎叶受害均褐变。
叶背病健有界面，稀疏白霉长上边。
青果果柄硬块斑，灰绿水浸稍凹陷。
后期发生深褐变，不规病斑呈边缘。
湿生白霉果速烂，早疫霉黑区别检。

[防治]

选好品种首当先，化学防治是关键。
生产棚内不育苗，合理定植搭架早。
滴灌暗灌可控湿，通风透光不能迟。
番茄拉秧清田园，防止病害再蔓延。
晚疫病害能蔓延，发生流行防治难。
中心病株被发现，立即喷药不拖延。
天阴熏蒸百菌清，晴天喷撒可湿粉。
烯酰·锰锌普力克，轮换使用七天隔。

番茄晚疫病

防治番茄晚疫病使用药剂

通用名称（商品名称）	剂型	使用方法
霜霉威（普力克）	72.% 水剂	600~800 倍液喷雾
烯酰·锰锌	69% 可湿性粉剂	600 倍液喷雾
百菌清	45% 烟剂	250 克 /667 米^2,9 天 1 次

番茄斑枯病

[诊断]

下部老叶发病先，以后逐渐向上延。
水浸圆斑正反面，病斑凹陷生黑点。
中央白色沿褐灰，鱼目病斑有特色。
严重之时叶满斑，株衰叶黄果熟难。
早期落叶果暴露，日光灼伤难销售。

[防治]

农业防治是重点，加强管理灭菌原。
轮作倒茬放在先，抗病品种仔细选。
保温通风菌原减，增施磷钾株体健。
化学防治做辅助，喷药应在发病初。
甲霜锰锌杀毒矾，交替轮换用三遍。

防治番茄斑枯病使用药剂

通用名称（商品名称）	剂型	使用方法
甲霜灵·锰锌	58% 可湿性粉剂	500 倍液喷雾
恶霜·锰锌（杀毒矾）	64% 可湿性粉剂	400~500 倍液喷雾

[诊断]

幼苗染病始叶缘，由外向内渐萎蔫。
成株染病看叶片，叶片凋萎或缩卷。
变褐枯死是叶片，死后不落最明显。
病顺维管上顶梢，一侧叶小常萎凋。
茎部条斑上下展，几节髓部都褐变。
病茎表面略粗变，不定气根产茎面。
解剖维管腐烂状，不久病株全死亡。
病果皱缩畸形产，湿时圆斑呈雀眼。

[防治]

番茄溃疡细菌染，措施得力控病延。
清除田园病株拔，热水浸种后催芽。
土壤消毒配合到，DT 菌剂灌根好。
发现病株喷药保，科博湿粉好疗效。
农链霉素可杀得，记准浓度再配兑。

防治番茄溃疡病使用药剂

通用名称（商品名称）	剂型	使用方法
琥胶肥酸铜（DT）	50% 可湿性粉剂	400 倍液灌根
波·锰锌（科博）	78% 可湿性粉剂	500 倍液喷雾
农链霉素	72% 可湿性粉剂	4000 倍液喷雾
氢氧化铜（可杀得）	77% 可湿性粉剂	500 倍液喷雾或灌根

[诊断]

开花结果病始染，发病初期看茎秆。
茎秆一侧生病斑，病斑凹陷上下展。
半边叶片显黄变，最后褐变呈枯干。
近地叶序若病染，病斑逐渐上蔓延。
有时茎叶黄一边，一边正常无病变。
切剖维管褐色显，区别他病最关键。
空气潮湿病症显，粉红霉物生上面。

[防治]

床土种子把毒消，深翻晒土也有效。
轮作倒茬最重要，增施磷钾抗性高。
改良土壤杀线虫，药剂防治好效应。
恶霉甲霜溶菌灵，倍生乳油好效应。
以上药剂互轮换，喷雾灌根防效显。

防治番茄枯萎病使用药剂

通用名称（商品名称）	剂 型	使 用 方 法
恶霉·甲霜	3% 水剂	800 倍液喷雾或灌根
多菌灵硫黄盐（溶菌灵）	70% 可湿性粉剂	500 倍液喷雾
苯噻氰（倍生）	30% 乳油	10000 倍液灌根，0.25 千克 / 株，7 天 1 次，连灌 3 次

番茄白绢病

[诊断]

近地茎基发病先，病斑初呈褐色暗。
逐渐扩大稍凹陷，白色绢丝长上边。
株下叶片黄或蔫，随后病部菌核产。
油菜籽状是特点，此时茎基全腐烂。
果实受害变腐软，菌丝密生在表面。
菜籽菌核随后见，茎叶萎蔫枯死完。

[防治]

带菌土壤要深翻，轮作倒茬首当先。
拔除病株石灰撒，病穴土壤调微碱。
五氯硝基三唑醇，配兑药液喷根部。
井冈霉素利克菌，发病初期灌病根。

防治番茄白绢病使用药剂

通用名称（商品名称）	剂型	使用方法
五氯硝基苯	40% 悬殊剂	400 倍液喷基部
三唑醇	20% 乳油	2000 ~ 2500 倍液喷雾
井冈霉素	3% 可湿性粉剂	800~1000 倍液喷雾
甲基立枯磷（利克菌）	20% 乳油	800 倍液发病初期灌穴或淋施 2 次，隔 15 天 1 次

番茄绵疫病

[诊断]

发病主在未熟果，果顶部位色变褐。
病斑同心轮纹状，湿度大时白霉长。
不软脱落保原样，病斑不陷持原状。
叶部染病褪绿斑，湿度大时变腐烂。

番茄绵疫病

[防治]

精细整地地膜盖，清除残枝田园洁。
整枝打杈除老叶，放风排湿喷药液。
恶霜锰锌霉多克，霜脲锰锌霜霉威。
百菌通粉甲霜铜，间隔七天轮换用。

防治番茄绵疫病使用药剂

通用名称（商品名称）	剂 型	使 用 方 法
丙森·缬霉（霉多克）	68.8% 可湿性粉剂	700 倍液喷雾
霜霉威	72% 水剂	800 倍液喷雾
琥铜·乙铝·磷（百菌通）	60% 可湿性粉剂	500 倍液喷雾，重点保护果穗，适当兼顾地面
恶霜·锰锌	64% 可湿性粉剂	500 倍液喷雾
霜脲·锰锌	72% 可湿性粉剂	600~800 倍液喷雾
甲霜铜	50% 可湿性粉剂	600 倍液喷雾

番茄青枯病

[诊断]

青枯维管有病变，多由细菌来侵染。
苗期不把症状显，开花坐果始发现。
顶部叶片垂萎先，随后下叶渐萎蔫。
最后萎蔫中叶片，病初萎叶可复原。
几天过后株死完，死株保绿色稍淡。
病株茎上水浸斑，后期发生褐色变。
解剖病茎再诊断，维管变褐是特点。

病茎新鲜手挤捏，白色黏液渗出来。
这个特征最关键，真菌枯萎区分辨。

[防治]

禾本作物轮三年，其次再把品种选。
幼苗移栽根保护，灌水不漫茎基部。
清除病株石灰撒，配方施肥植株健。
生物农抗四零一，络氨铜水铜大师。
以上药剂互轮换，兑配药液病根灌。

防治番茄青枯病使用药剂

通用名称（商品名称）	剂型	使用方法
农抗 401	生物制剂	500 倍液喷雾
氧化亚铜（铜大师）	86.2% 可湿性粉剂	1500 倍液灌根，0.3~0.5 升 / 株，10 天 1 次，连灌 2~3 次
络氨铜	25% 水剂	500 倍液喷雾

番茄青枯病

番茄绵腐病

[诊断]

果实受害是重点，感染出现水渍斑。
黄褐或者褐斑产，整个果实变腐烂。
害果外表形不变，有时果皮破裂产。
病果一般不脱落，棉絮白霉生果表。
绵腐绵疫清楚辨，掌握特点易诊断。

[防治]

防治绵疫可参考，一般不需单独做。

番茄猝倒病

[诊断]

出土之后猝倒见，真叶尚未展开前。
病菌先把茎基染，发生水渍暗褐斑。
继而绕茎来扩展，逐渐缢缩似细线。
幼苗上部倒田间，高湿病株快发展。
白棉菌丝生病面，附近床面也出现。

[防治]

棚室苗床毒先消，阴天不能把水浇。
磷酸二钾苗期喷，氯化钙洒抗性增。
五氯硝基苯土拌，土壤消毒效果显。
霜霉威水百菌清，轮换施用好效应。

防治番茄猝倒病使用药剂

通用名称（商品名称）	剂型	使用方法
五氨硝基苯	40% 可湿性粉剂	9~10 克加细土 4~5 千克拌匀，制作药土撒畦面
霜霉威	72 % 水剂	600 倍液喷雾
百菌清	75% 可湿性粉剂	600 倍液喷雾

番茄立枯病

[诊断]

苗期发病是重点，病苗茎基先褐变。
病部收缩细缢显，茎叶萎垂枯死干。
稍大幼苗白天蔫，夜间尚可能复原。
病斑绕茎一周转，苗渐枯死直立站。
这个特征是关键，能与猝倒区别辨。

番茄立枯病

[防治]

苗床管理要加强，科学放风应提倡。
磷酸二钾苗期洒，增强抗性控病发。
多菌灵粉拌种好，病初喷施恶霉灵。
立枯磷油托布津，轮换施用好效应。

防治番茄立枯病使用药剂

通用名称(商品名称)	剂 型	使 用 方 法
多菌灵	50% 可湿性粉剂	用种子重量的 0.2%~0.3% 拌种
甲基立枯磷	20% 乳油	1200 倍液喷雾
甲基硫菌灵(甲基托布津)	36% 悬浮剂	500 倍液喷雾
恶霉灵	15% 水剂	450 倍液喷雾

番茄疫霉根腐病

[诊断]

茎基根部生褐斑，逐渐扩大后凹陷。
围绕根茎转一圈，地上部分枯萎蔫。
纵剖茎基根部看，导管发生深褐变。
最后根茎成腐烂，植株死亡显枯干。

[防治]

平整土地水适量，大水漫灌要严防。
温度湿度严加管，药剂防治绵疫看。

[诊断]

为害大苗是重点，茎基根部也难免。
病部初呈褐色暗，后绕茎基而扩展。
导致皮层全腐烂，地上叶片生黄变。
果实膨大仔细观，养分供应不完全。
逐渐萎蔫枯死完，黑褐菌核生表面。

[防治]

幼苗发病似立枯，定植之时病苗除。
定植之后病若发，多菌灵液快喷洒。
成株茎基把病染，刮除病斑防扩展。
科博湿粉立枯净，绿亨1号苯噻氰。

防治番茄茎基腐病使用药剂

通用名称（商品名称）	剂型	使用方法
多菌灵	50% 可湿性粉剂	500 倍液喷雾
波·锰锌（科博）	78% 可湿性粉剂	200 倍液涂抹茎部
福·甲（立枯净）	35% 可湿性粉剂	800 倍液喷雾
苯噻氰（倍生）	30% 乳油	1200 倍液喷雾

番茄茎枯病

[诊断]

主要为害果和茎，亦可害叶和叶柄。
茎部有伤易感染，病斑形状初椭圆。
状似溃疡褐凹陷，沿茎上下整株展。
重时变为褐腐干，并可侵入维管间。
果实染病特征显，初为灰白小块斑。
后随病斑扩凹陷，颜色变深也变暗。
该菌如若叶上染，叶脉两侧褐斑现。
扩展株死或叶干，能与早疫清楚辨。

[防治]

耐病品种选在前，收获以后洁田园。
甲霜锰锌叶面喷，百菌清粉控病生。
异菌脲粉杀毒矾，乙膦锰锌效果显。
以上药剂互轮换，间隔七天防三遍。

防治番茄茎枯病使用药剂

通用名称 （商品名称）	剂 型	使 用 方 法
百菌清	75% 可湿性粉剂	600 倍液喷雾
甲霜灵 · 锰锌	58% 可湿性粉剂	500 倍液喷雾
异菌脲	50% 粉剂	1000~1500 倍液喷雾
乙膦 · 锰锌	70% 可湿性粉剂	500 倍液喷雾
恶霜 · 锰锌 （杀毒矾）	64% 可湿性粉剂	1000 倍液喷雾

番茄茎腐病

[诊断]

初显症状不明显，持续一段呈萎蔫。
茎基产生褐陷斑，上下四周都扩展。
枯萎茎腐很相像，拔出根部仍正常。

[防治]

发现病株要清除，病穴生灰需消毒。
对症选药科学用，灭病威剂病害控。
百菌清粉多菌灵，相互轮换效果明。

防治番茄茎腐病使用药剂

通用名称（商品名称）	剂型	使用方法
多·硫（灭病威）	40% 悬浮剂	500 倍液喷雾
百菌清	75% 可湿性粉剂	600 倍液喷雾
多菌灵	50% 可湿性粉剂	600 倍液喷雾

番茄黄萎病

[诊断]

中后叶片多侵染，由下向上渐黄变。
黄色斑驳首先产，斑驳出现侧脉间。
剖开茎部导管看，导管里边褐色现。
能与枯萎区别辨，病重果小产大减。

[防治]

抗病品种仔细选，非茄作物轮四年。
多菌灵粉种毒消，温水浸种也有效。

番茄黄萎病

防治番茄黄萎病使用药剂

通用名称	剂型	使用方法
多菌灵	50% 可湿性粉剂	500 倍液浸种 1 小时，或 55℃温水浸种 15 分钟

番茄菌核病

[诊断]

果实叶茎均可染，叶片染病始叶缘。
初呈水渍绿色淡，湿大白霉长上边。
病斑灰褐快蔓延，导致叶片枯死变。
果实果柄把病感，开始果柄后果面。
未熟果实似水烫，颜色多呈灰白样。
环状菌核果柄围，果实菌核颜色黑。
茎部发病柄基染，病斑灰白稍凹陷。
后期表皮纵裂产，边缘一般水渍显。
晚期病症很明显，茎秆内外菌核产。

[防治]

土壤深翻减菌源，实行轮作秧苗健。
覆盖地膜侵染少，病株残体早毁销。
加强管理洁田园，通风排湿控蔓延。
棚室发病来熏烟，或者粉尘细喷撒。
百菌清粉菌核净，腐霉利烟农利灵。
根据天气剂型选，间隔七天防三遍。

番茄菌核病

防治番茄菌核病使用药剂

通用名称（商品名称）	剂型	使用方法
腐霉利	10% 烟剂	250~300 克 /667 米 ^{2} 熏一夜
百菌清	5% 粉尘	1 千克 /667 米 ^{2},7 天 1 次
菌核净	40% 可湿性粉剂	1000~1500 倍液喷雾
乙烯菌核利（农利灵）	50% 可湿性粉剂	1000~1500 倍液喷雾

番茄煤霉病

[诊断]

番茄霉煤若侵染，主害叶柄茎叶片。
发病初期块斑现，色淡至黄缘不显。
叶背黄斑形近圆，或生不定形病斑。
褐色绒霉叶背产，霉层迅速若扩展。
整个叶背被覆满，后期病斑褐色见。
发病严重叶枯蔫，叶柄或茎褐霉现。
叶霉煤霉容易乱，准确诊断抓特点。
要与叶霉清楚辨，霉斑颜色是重点。
煤霉霉斑褐不变，叶霉霉斑白褐转。

[防治]

抗病品种选在先，配方施肥株体健。
多硫悬浮病初洒，甲基托布防病发。
代森锰锌多菌灵，苯菌灵粉和大生。
轮换使用效果显，间隔十天防三遍。

番茄煤霉病

防治番茄霉煤病使用药剂

通用名称（商品名称）	剂 型	使 用 方 法
多·硫	40% 悬浮剂	800 倍液喷雾
甲基硫菌灵（甲基托布津）	50% 可湿性粉剂	500 倍液喷雾
苯菌灵	50% 可湿性粉剂	1000~1500 倍液喷雾
代森锰锌	80% 可湿性粉剂	500 倍液喷雾
普通代森锰锌	70% 可湿性粉剂	400 倍液与 50% 多菌灵湿粉 800 倍液混合喷雾

番茄褐斑病

[诊断]

该病又称芝麻斑，侵染叶片是重点。
叶柄果实和果梗，有时也把病菌生。
叶生圆至多角斑，病斑灰褐薄凹陷。
叶背光亮最明显，准确诊断细心看。
大斑有时轮纹现，湿高深褐霉物产。
叶柄果梗把病感，病斑凹陷灰褐见。
病斑大小不一样，湿大黑霉产斑上。

[防治]

抗病品种仔细选，通风透光要改善。
田间管理要加强，施肥技术用配方。
复硝钠水洒叶面，提高抗性株体健。
采后清残土深翻，促进病残速腐烂。
氢氧化铜络氨铜，病初喷洒好作用。
安全间隔得十天，轮换施用防三遍。

番茄褐斑病

防治番茄褐斑病使用药剂

通用名称	剂 型	使用方法
复硝钠	1.4% 水剂	700 倍液喷雾
氢氧化铜	77% 可湿性粉剂	400~500 倍液喷雾
络氨铜	25% 水剂	500 倍液喷雾

番茄斑点病

[诊断]

斑点主要害叶片，茎及果实也侵染。
初呈细小坏斑点，坏死面积后扩展。
灰黄黄褐色渐现，紫褐轮纹能看见。
或者边缘一黄圈，潮湿病斑表面看。
暗灰霉物产上边，重时叶片死落完。

[防治]

肥水管理要加强，增施磷钾氮适量。
田间卫生注意好，收集病残应毁烧。
甲托悬剂多菌灵，多硫悬浮百菌清。
间隔十天保安全，连续防治二三遍。

防治番茄斑点病使用药剂

通用名称（商品名称）	剂 型	使用方法
多菌灵	50% 可湿性粉剂	800~900 倍液喷雾
甲基硫菌灵（甲基托布津）	36% 悬浮剂	500 倍液喷雾
百菌清	75% 可湿性粉剂	1000 倍液喷雾
多·硫	40% 悬浮剂	500 倍液喷雾

番茄灰叶斑病

[诊断]

为害果实和叶片，病初叶面小斑点。
色暗形状不正圆，后沿叶脉四周展。
不规形状能看见，病斑有时具晕圈。
边缘一般褐色显，中部白至灰褐产。
病斑小薄稍凹陷，后期裂破或孔穿。
果实染病圆凹斑，病初白色长毛产。
后来逐渐褐绿变，再变黑色果腐烂。

[防治]

增施机肥磷钾肥，增强寄主抗病力。
收后及时清田园，集中烧毁无后患。
病初喷洒百菌清，氢氧化铜好效应。
松脂酸铜克菌丹，间隔十天防三遍。

防治番茄灰叶斑病使用药剂

通用名称	剂 型	使 用 方 法
百菌清	75% 可湿性粉剂	600 倍液喷雾，采收前 23 天停止用药
氢氧化铜	77% 可湿性粉剂	400~500 倍液喷雾
克菌丹	40% 可湿性粉剂	500 倍液喷雾
松脂酸铜	12% 可湿性粉剂	600 倍液喷雾

[诊断]

主害果实和叶片，叶片染病褐小斑。
扩大之后斑椭圆，其上着生小黑点。
轮纹排列特征显，边缘色暗破裂产。
茎部如若把病感，中上枝杈开始先。
初为水渍色绿暗，随变黄褐灰褐见。
病斑形状不规则，病部粗糙缘褐色。
其上也有小黑点，但是轮纹不明显。
重时髓部空腐烂，残留维管在里边。
果实染病蒂部看，水渍黄褐斑凹陷。
深褐轮纹小点产，病部坚实不腐软。

[防治]

及时采收清病残，集中烧毁无后患。
非茄作物轮二年，病初喷药效明显。
甲基托布苯菌灵，多菌灵粉百菌清。
间隔十天保安全，连续防治二三遍。

防治番茄灰斑病使用药剂

通用名称（商品名称）	剂 型	使 用 方 法
百菌清	75% 可湿性粉剂	600 倍液喷雾
甲基硫菌灵（甲基托布津）	36% 悬浮剂	500 倍液喷雾
多菌灵	50% 可湿性粉剂	400 ~ 500 倍液喷雾
苯菌灵	50% 可湿性粉剂	800 倍液喷雾

番茄白粉病

［诊断］

该病主要害叶片，株茎果实也可染。
常见具有两表现，一种叶面小粉斑。
放射粉斑是特点，最后扩大形状圆。
白色粉物多易见，严重全叶被布满。
二种初发叶面看，正面粉斑不明显。
边缘不显黄块斑，稀疏霉层须细观。
病斑扩大成片连，白色霉层渐显眼。
并且覆满整叶片，后期整叶褐枯变。

［防治］

抗病品种仔细选，棚室温湿管理严。
采后及时清田园，减少越冬侵染源。
武夷霉素特富灵，棚室熏烟百菌清。
腈菌唑油或世高，福星乳油喷雾好。

防治番茄白粉病使用药剂

通用名称（商品名称）	剂型	使用方法
百菌清	45% 烟剂	250 克 /667 米^2，暗火点燃熏一夜
武夷霉素	2% 水剂	150 倍液喷雾
氟硅唑（福星）	40% 乳油	8000~10000 倍液喷雾
恶醚唑（世高）	10% 水剂	1500 倍液喷雾
氟菌唑（特富灵）	30% 可湿性粉剂	1500~2000 倍液喷雾

番茄圆纹病

[诊断]

叶片果实均感染，果实染病生凹斑。
初为淡褐后褐转，扩大发展半果面。
病斑不软略缩干，具有轮纹能看见。
湿大白菌长上边，随后逐渐黑褐变。
表面产生小黑点，斑下果肉紫褐现。
叶片染病细诊断，常与早疫难分辨。
状似圆形或近圆，斑中圆纹整齐显。
病斑不受叶脉限，能与早疫区别辨。

[防治]

收后残体清除完，减少初生侵染源。
非茄作物轮二年，病初喷洒多硫悬。
氢氧化铜百菌清，相互轮换好效应。

防治番茄圆纹病使用药剂

通用名称	剂 型	使 用 方 法
百菌清	75% 可湿性粉剂	600 倍液喷雾
氢氧化铜	77% 可湿性粉剂	400~500 倍液喷雾
多·硫	40% 悬浮剂	500 倍液喷雾

番茄炭疽病

[诊断]

熟果受害是重点，发病初期果面看。
水渍透明小点斑，扩大之后褐色淡。
并且略微呈凹陷，同心轮纹能看见。
纹上密生肉小点，潮湿之时泌物产。

泌物淡红手感黏，后期引起果腐烂。

[防治]

病残果实早清完，高温高湿要避免。
绿果期间药喷洒，多硫悬浮控病发。
甲基托布多菌灵，炭疽福美百菌清。
炭特灵粉好效应，以上药剂轮换用。

番茄炭疽病

防治番茄炭疽病使用药剂

通用名称（商品名称）	剂型	使用方法
多·硫	40% 悬浮剂	500 倍液喷雾
甲基硫菌灵（甲基托布）	50% 可湿性粉剂	500 倍液喷雾
多菌灵	50% 可湿性粉剂	500 倍液喷雾
福·福·锌（炭疽福美）	50% 可湿性粉剂	300~400 倍液喷雾
溴菌腈（炭特灵）	25% 可湿性粉剂	500 倍液喷雾
百菌清	75% 可湿性粉剂	600 倍液喷雾

番茄镰刀菌果腐病

[诊断]

熟果受害是重点，果面初呈淡色斑。
最后发生褐色变，形状不定缘不显。
扩展果面全布满，湿度大时菌丝产。
红色棉絮很起眼，导致果实变腐烂。

番茄镰刀菌果腐病

[防治]

避免果实触地面，摘除病果处理完。
着色之前喷DT，络氨铜水喷仔细。
甲基托布多硫悬，轮换应用防效显。

防治番茄镰刀果腐病使用药剂

通用名称（商品名称）	剂型	使用方法
琥胶肥酸铜（DT）	50%可湿性粉剂	500倍液喷雾
络氨铜	25%水剂	500倍液喷雾
甲基硫菌灵（甲基托布）	70%可湿性粉剂	800倍液喷雾
多·硫	40%悬浮剂	500倍液喷雾

番茄丝核菌果腐病

[诊断]

近地熟果发病先，果蒂果肩易侵染。
初呈水渍淡色斑，蛛丝褐霉产表面。
病斑中心常裂变，导致果实成腐烂。
苗染猝倒立枯显，成株感病茎基现。

[防治]

平整土地高垄作，高畦栽培好效果。
近地果实采收早，稍微红转收最好。
井冈霉素细喷洒，络氨铜剂控病发。

番茄丝核菌果腐病

防治番茄丝核菌果腐病使用药剂

通用名称	剂 型	使 用 方 法
井冈霉素	15% 水剂	1500 倍液喷雾
络氨铜	25% 水剂	800 倍液灌根，0.25 千克 / 株

番茄细菌性斑点病

[诊断]

未熟果实和叶片，尤其受害最明显。
叶片染病褐黑点，四周常具黄晕圈。
幼嫩绿果把病染，稍隆小斑初出现。
果实近熟仔细观，围绕斑点组织看。
仍保绿色长时间，别于其他细菌斑。

[防治]

耐病品种选在前，滴灌暗灌喷灌免。
可杀得粉病初洒，络氨铜水把菌杀。
DT 湿粉效果显，间隔十天防二遍。

防治番茄细菌性斑点病使用药剂

通用名称（商品名称）	剂 型	使 用 方 法
琥胶肥酸铜（DT）	50% 可湿性粉剂	500 倍液喷雾
络氨铜	25% 水剂	500 倍液喷雾
氢氧化铜（可杀得）	77% 可湿性粉剂	500 倍液喷雾

番茄软腐病

[诊断]

果实和茎受害重，果实染病皮完整。
特点果肉成腐烂，恶臭味道来相伴。
茎部染病伤口先，严重髓部腐烂完。
组织失水中空干，上端枝叶黄萎蔫。

[防治]

整枝打杈时间选，阴天露水要避免。
蛀果害虫及时防，减少菌源侵染伤。
硫链霉素须喷洒，可杀得粉控病发。
松脂酸铜农霉素，保护株体治软腐。

防治番茄软腐病使用药剂

通用名称(商品名称)	剂 型	使 用 方 法
氢氧化铜(可杀得)	77% 可湿性粉剂	500 倍液喷雾
硫链霉素	40% 可湿性粉剂	1500~2000 倍液喷雾
农链霉素	72% 粉剂	3000~4000 倍液喷雾
松脂酸铜	12% 乳剂	500 倍液喷雾

番茄根结线虫病

[诊断]

生长矮小育不良，一般植株表现黄。
地上症状不明显，干旱果少中午蔫。
病株根部症状现，须根侧根仔细观。
大小不等根瘤产，病株提早枯死完。

番茄根结线虫病

[防治]

抗病品种选在先，深翻土壤危害减。
阿维菌素可灭害，放苗喷穴覆土盖。
生长期间虫发现，清除病残烧毁完。

防治番茄根结线虫病使用药剂

通用名称	剂 型	使 用 方 法
阿维菌素	1.8% 乳油	1 毫升 / 米 ^{2}

番茄红粉病

[诊断]

红粉初期害果面，果端出现水浸斑。
后变褐色不凹陷，湿度大时有霉变。
致密白霉后出现，随后粉红绒霉产。
最后病果落地烂，或者干僵挂枝干。

[防治]

膜下暗灌水分控，降低湿度易控病。
炭疽福美溴菌腈，适时喷施好效应。

防治番茄红粉病使用药剂

通用名称	剂 型	使 用 方 法
福·福·锌（炭疽福美）	80% 可湿性粉剂	600 倍液喷雾
溴菌腈	25% 可湿性粉剂	500 倍液喷雾

[诊断]

伤口果实易感染，过熟果实病多见。
病初果实软化变，果面变褐湿腐显。
表皮稍皱裂纹产，湿时缝中白霉现。
最后病果流腐水，开裂散出酸臭味。
区别软腐是特点，仔细分辨不误断。
储藏堆放可传染，雨季田间会蔓延。

[防治]

棉铃虫害首先防，防病关键减虫伤。
发病初期喷农药，代森锰锌或科博。
DT湿粉铜高尚，轮换应用效果强。

防治番茄酸腐病（水腐病）使用药剂

通用名称（商品名称）	剂型	使用方法
代森锰锌	7%可湿性粉剂	500倍液喷雾
波·锰锌（科博）	78%可湿性粉剂	600倍液喷雾
琥胶肥酸铜（DT）	50%可湿性粉剂	500倍液喷雾
碱式硫酸铜（铜高尚）	27%悬浮剂	600倍液喷雾

番茄根霉果腐病

[诊断]

成熟果实近地面，采收不及病易染。
感病果实易变软，湿度大时霉层显。
颜色先白后蓝黑，还有球状菌丝体。

[防治]

熟果落地及时拣，棚室漫灌应避免。
农药品种仔细选，绿色保健首当先。
氢氧化铜或甲托，恶醚唑剂好效果。

防治番茄根霉果腐病使用药剂

通用名称（商品名称）	剂 型	使 用 方 法
氢氧化铜	53.8% 干悬剂	800 倍液喷雾
甲基硫菌灵（甲基托布津）	70% 可湿性粉剂	600 倍液喷雾
恶醚唑	10% 水剂	1200 倍液喷雾

番茄细菌性叶枯病

[诊断]

日光温室最常见，山墙附近多发现。
弱光阴湿长势弱，中下叶片多传播。
叶片感病特征显，病部呈现薄纸斑。
病健交界界限清，后期干燥生穿孔。

番茄细菌性叶枯病

[防治]

培育壮苗最重要，加强通风增光照。
化学防治不可少，发病初期喷农药。
农链霉素加瑞农，科博湿粉松脂铜。
相互轮换喷三遍，间隔7天保安全。

防治番茄细菌性叶枯病使用药剂

通用名称（商品名称）	剂型	使用方法
农链霉素	72%可湿性粉剂	3000倍液喷雾
春雷氰氧铜（加瑞农）	48%可湿性粉剂	500倍液喷雾
波·锰锌（科博）	78%可湿性粉剂	500倍液喷雾
松脂酸铜	12%乳油	500倍液喷雾

番茄黑霉（青霉）果腐病

[诊断]

主害多汁红果面，病初果面圆形斑。
色褐下陷水浸状，病斑扩大炭疽像。
病斑中间色初白，随后产生青黑霉。
冰箱储藏多发现，预防要在储藏前。

[防治]

采收轻摘要轻放，防止果面有碰伤。
冰箱储藏控温度，摄氏八度病少生。

[诊断]

辣椒病毒病，花叶黄化坏死加畸形。
花叶病叶有特征，浓淡相间斑纹形。
叶面凹凸很不平，生长缓慢很分明。
黄化畸形病毒症，病叶增厚形不正。
叶片褪绿色变黄，小丛蕨叶呈线状。
节间缩短株矮化，落叶落果易落花。
坏死病毒为害残，顶梢焦枯或条斑。
褐色斑驳叶片产，果实坏死也出现。

[防治]

磷酸三钠种毒铲，适时播种秧苗健。
定植前后管理严，土层疏松地深翻。
根系发达病害减，接种防治效果显。
病毒疫苗认真看，二片真叶是时间。
手指蘸取抹叶面，高温干旱严加管。
防治蚜虫是关键，吡虫啉剂效明显。
宁南霉素或毒消，病毒康粉效果好。

防治辣椒病毒病使用药剂

通用名称（商品名称）	剂 型	使 用 方 法
磷酸三钠	10% 溶液	浸种 30 分钟
病毒疫苗（N_{14} 或 N_{52}）	58% 可湿性粉剂	稀释 100 倍液，在辣椒 1~2 片真叶时，用手指蘸取，在叶面轻轻抹一遍
宁南霉素	2% 水剂	150 倍液于发病初期喷雾
混脂酸·铜（毒消）	24% 水剂	700 倍液喷雾
吗啉胍·三氮唑核苷（病毒康）	31% 可溶性粉剂	1000 倍液喷雾，隔 10 天左右 1 次

辣椒白粉病

[诊断]

叶背脉间白霜霉，霉处叶面把色褪。
病叶出现黄色斑，叶背白霉续发展。
叶片变黄易脱落，严重之时留顶梢。

[防治]

白粉预防要当先，一旦发生防治难。
秋后拉秧清田园，密闭棚室消毒严。
通风透光湿度保，空气不宜太干燥。
药剂防治控蔓延，各种剂型互轮换。
三唑醇或特富灵，恶醚唑剂或福星。
交替喷施无抗性，根据病情选剂型。

防治辣椒白粉病使用药剂

通用名称（商品名称）	剂型	使用方法
三唑醇	15% 可湿性粉剂	1000~1500 倍液喷雾
氟硅唑（福星）	40% 乳油	8000~10000 倍液喷雾
恶醚唑	10% 水剂	1500 倍液喷雾
氟菌唑（特富灵）	30% 可湿性粉剂	1500~2000 倍液喷雾

辣椒炭疽病

[诊断]

成熟果实和老叶，炭疽病菌多危害。
叶片受害褪绿斑，逐渐发展褐色变。
病斑形状近似圆，中间颜色灰色淡。

其上轮生小黑点。果实受害多常见。
病斑上面有凹陷，形状不定近似圆。
同心环纹症状现，轮纹上面有黑点。
干时易缩似纸膜，膜状常常易裂破。
红色炭疽也常见，潮湿黏物红色显。

[防治]

抗病品种要先选，种子消毒防病传。
豆瓜作物轮三年，减少田间积菌原。
减免日烧防感染，合理通风创条件。
田间管理要加强，及时喷药病可防。
咪鲜胺油溴菌腈，炭疽福美百菌清。

辣椒炭疽病

防治辣椒炭疽病使用药剂

通用名称（商品名称）	剂 型	使用方法
咪鲜胺	25% 乳油	1000 倍液喷雾
福·福锌（炭疽福美）	50% 可湿性粉剂	300~400 倍液喷雾
溴菌腈	25% 可湿性粉剂	600 倍液喷雾
百菌清	75% 可湿性粉剂	600 倍液喷雾

辣椒灰霉病

[诊断]

叶茎花器均感染，幼苗染病颜色变。
幼茎发病缢缩显，病部枯死而折断。
低温高湿病叶烂，上生灰霉呈一片。
茎上染病水渍斑，病斑绕茎转一圈。

病部枝叶呈萎蔫，灰霉状物生表面。
枝条染病延至杈，花器染病看花瓣。
花瓣变褐生灰霉，果实生病皮灰白。

[防治]

生态防治经常用，早晨升温把风通。
清理病株洁田园，地膜覆盖病害减。
冬春棚室发病重，及时熏烟早防控。
灌后若遇天连阴，腐霉利或扑海因。
田间调查早防范，药剂防治番茄看。

辣椒灰霉病

防治辣椒灰霉病使用药剂

通用名称（商品名称）	剂型	使用方法
腐霉利	15% 烟剂	300~400 克 /667 米^2
异菌脲	25% 悬浮剂	600~800 倍液喷雾

注：以上药剂发病前防治最好，避免连续使用。

辣椒疫病

[诊断]

叶片发病看病斑，病斑暗绿形状圆。
高湿叶黑速凋萎，表面产生白色霉。
病叶干燥色变褐，病重叶片整株落。
茎部受害分多杈，扩展后呈大斑疤。
色变黑褐皮层烂，病上枝叶枯死蔫。
苗期茎基多感染，水浸暗绿大梭斑。
腐烂缢缩蜂腰状，折倒或者立枯亡。

辣椒疫病

[防治]

通风透光降湿度，防止传染拔病株。
中心病株若发现，喷洒浇灌两不误。
霜霉威或硫酸铜，氢氧化铜甲霜灵。
上述菌剂产抗性，烯酰锰锌起效应。

防治辣椒疫病使用药剂

通用名称	剂型	使用方法
霜霉威	72.2% 水剂	600 倍液喷雾或灌根，灌根 0.5 千克 /667 米 ^{2}
氢氧化铜	64% 粉剂	500 倍液喷雾或灌根
甲霜灵	75% 可湿性粉剂	800 倍液灌根，5 天 1 次
烯酰锰锌	64% 可湿性粉剂	800 ~ 1000 倍液喷雾

辣椒疮痂病

[诊断]

细菌斑点是别名，危害叶片最盛行。
幼苗子叶银白点，水浸色暗斑凹陷。
成株叶上有病斑，初呈水浸黄绿点。
扩大不规或形圆，边缘稍隆色褐暗。
中部稍凹颜色浅，粗糙疮痂最显眼。
病斑常常一起联，几个大斑布叶片。
如果病斑叶脉沿，常使叶片畸形变。
叶缘叶尖黄枯干，破裂脱落病症严。
果实受害疱疹边，疮痂圆形或长圆。
病斑开裂在边缘，湿时菌液溢中间。
早期三落常常见，降低产量最明显。

辣椒疮痂病

[防治]

抗病品种要先选，种子消毒首当先。
轮作倒茬病害轻，多施农肥增抗性。
减少虫伤防感染，加强通风病害减。
病株喷药及早控，氢氧化铜加瑞农。
农链霉素或靠山，间隔七天互轮换。

防治辣椒疮痂病使用药剂

通用名称（商品名称）	剂型	使用方法
氢氧化铜	77% 可湿性粉剂	500 倍液喷雾
春雷氰氧铜（加瑞农）	47% 可湿性粉剂	600 倍液喷雾
农链霉素	72% 可湿性粉剂	3000~4000 倍液喷雾
氧化亚铜（靠山）	36% 水分散粒剂	1000 倍液喷雾

辣椒白星病

[诊断]

白星主要害叶片，苗期成株均可染。
病斑圆形或近圆，边缘深褐色小斑。
中央白色或灰白，有时散生小点黑。
病斑中间有时脱，病严叶片大量落。

[防治]

隔年轮作要记牢，清除残体集中烧。
DT 湿粉病初洒，松脂酸铜控病发。
氢氧化铜络氨铜，氧化亚铜好作用。

辣椒白星病

防治辣椒白星病使用药剂

通用名称（商品名称）	剂 型	使 用 方 法
氢氧化铜	77% 可湿性粉剂	500 倍液喷雾
络氨铜	25% 水剂	500 倍液喷雾
琥胶肥酸铜(DT)	50% 可湿性粉剂	400~500 倍液喷雾
氧化亚铜	27% 悬浮剂	500 倍液喷雾，隔 10 天 1 次
松脂酸铜	12% 乳油	500 倍液喷雾

辣椒青枯病

[诊断]

青枯发病初期看，个别枝条叶片蔫。
地上叶色比较淡，后期叶片焦枯变。
病茎外表症不显，纵剖维管褐色现。
横面保湿白液产，可与枯萎清楚辨。

[防治]

抗病品种选在先，非茄作物轮五年。
撒施石灰土壤调，抑制病菌危害少。
育苗要用营养钵，提高抗性好处多。
发病阶段喷药控，氢氧化铜络氨铜。
新植霉素或农链，间隔七天防三遍。

辣椒青枯病

防治辣椒青枯病使用药剂

通用名称	剂 型	使 用 方 法
氢氧化铜	77% 可湿性粉剂	500 倍液喷雾
络氨铜	25% 水剂	500 倍液喷雾
新植霉素	90% 可湿性粉剂	4000 倍液喷雾
农链霉素	72% 可湿性粉剂	3000~4000 倍液喷雾

辣椒枯萎病

[诊断]

病株矮小茎萎蔫，有时症状一侧显。
半边凋萎叶小变，局部坏死黄斑产。
茎基根皮水浸显，容易剥皮湿腐烂。
准确诊断检维管，维管变褐是特点。

[防治]

抗病品种首当先，高垄栽培很关键。
合理轮作病少染，病残根系焚烧完。
无害农药多推广，绿色产品保健康。
福甲湿粉消菌灵，恶霉甲霉克枯星。
配兑药液多根灌，连续应用二三遍。

防治辣椒枯萎病使用药剂

通用名称（商品名称）	剂 型	使 用 方 法
福·甲	35% 可湿性粉剂	800 倍液喷雾
氯溴异氰尿酸（消菌灵）	50% 可湿性粉剂	1000 倍液喷雾
恶霉·甲霉	3% 水剂	800 倍液喷雾
恶甲（克枯星）	3.2% 水剂	600 倍液喷雾

[诊断]

该病主要害叶片，田间发生点片看。
成叶发病症状产，黄绿不规水渍斑。
扩大之后变红褐，或者深褐铁锈色。
大小不等斑膜质，干燥多呈红褐式。
此病若染速扩展，一株一叶多叶染。
叶斑疮痂容易混，斑不隆起是特征。
病健交界特明显，仔细检查好诊断。

[防治]

十字花科轮二年，高畦栽培水不漫。
种子消毒放在前，DT湿粉把种拌。
收后及时清田园，销毁病残土深翻。
发病初期药喷洒，氢氧化铜把菌杀。
络氨铜水或农链，间隔七天防三遍。

防治辣椒细菌性叶斑病使用药剂

通用名称（商品名称）	剂型	使用方法
氢氧化铜	77%可湿性粉剂	500倍液喷雾
络氨铜	25%水剂	500倍液喷雾
琥胶肥酸铜(DT)	50%可湿性粉剂	400~500倍液喷雾或用种子重量的0.3%拌种
农链霉素	72%可湿性粉剂	3000~4000倍液喷雾

辣椒叶枯病

[诊断]

叶枯又被称灰斑，苗期成株均可感。
叶片受害是重点，有时茎柄也难免。
叶柄散生小褐点，扩大圆或不规斑。
中间灰白边褐暗，中央坏死落孔穿。
病斑上下而扩展，重时整株叶脱完。

[防治]

苗床管理要加强，及时通风把湿降。
实行轮作得二年，清除残体洁田园。
合理施肥不偏氮，壮多收液喷叶面。
代森锰锌百菌清，氢氧化铜托布津。
以上药剂互轮换，连防三遍隔七天。

防治辣椒叶枯病使用药剂

通用名称（商品名称）	剂 型	使 用 方 法
氢氧化铜	77% 可湿性粉剂	500 倍液喷雾
百菌清	70% 可湿性粉剂	800~1000 倍液喷雾
甲基硫菌灵（甲基托布津）	50% 可湿性粉剂	400~500 倍液喷雾
代森锰锌	70% 可湿性粉剂	400 倍液喷雾

辣椒褐斑病

[诊断]

叶片受害是重点，叶斑圆形或近圆。
初为褐色后褐变，周围黑褐色泽显。
病斑中心浅灰点，严重病叶黄落完。
茎部也可把病染，症状特别像叶片。

[防治]

病株残体清除掉，园外深埋或毁销。
非茄蔬菜轮作好，发病初期喷药保。
代森锰锌百菌清，氢氧化铜好效应。
以上药剂互轮换，连防三遍隔七天。

防治辣椒褐斑病使用药剂

通用名称	剂　型	使 用 方 法
氢氧化铜	77% 可湿性粉剂	500 倍液喷雾
代森锰锌	70% 可湿性粉剂	400 倍液喷雾
百菌清	75% 可湿性粉剂	600 倍液喷雾

辣椒软腐病

[诊断]

软腐病菌虫伤染，果皮水浸呈绿暗。
不久褐色病斑显，随后果实全腐烂。
病果脱落挂枝秆，后期白色全枯干。

[防治]

软腐多从虫伤染，防治害虫第一点。
氯氰菊酯害虫防，甲氰菊酯效果强。
合理密植把风通，另外湿度也要控。

豆麦禾本作前茬，避免茄葫十字花。
清除病果病害少，发病初期药喷到。
农链霉素加瑞农，新植霉素好作用。
防治农药多而杂，其他药剂看疮痂。

防治辣椒软腐病使用药剂

通用名称（商品名称）	剂型	使用方法
氯氰菊酯	5% 乳油	800~1000 倍液喷雾
甲氰菊酯	20% 可湿性粉剂	1200 倍液喷雾
农链霉素	72% 粉剂	4000 倍液喷雾
春雷氰氧铜（加瑞农）	47% 可湿性粉剂	600 倍液喷雾
新植霉素	90% 粉剂	4000 倍液喷雾

辣椒霜霉病

[诊断]

辣椒霜霉不常见，一旦染病可蔓延。
叶片嫩茎均可染，浅绿病斑显叶面。
病斑形状不规范，白色薄霉叶背产。
病叶变厚稍上卷，后期病叶落地面。
白粉霜霉易混乱，准确诊断需镜检。

[防治]

抗病品种首先选，烧毁病残洁田园。
病初喷洒硫酸铜，烯酰锰锌好作用。
发现病株及早防，氟吗锰锌效果强。
提高疗效相互换，间隔七天喷两遍。

辣椒霜霉病

防治辣椒霜霉病使用药剂

通用名称	剂型	使用方法
烯酰·锰锌	70% 可湿性粉剂	500 倍液喷雾
氟吗·锰锌	60% 可湿性粉剂	700 倍液喷雾
碱式硫酸铜	27% 悬浮剂	600 倍液喷雾

辣椒根腐病

[诊断]

幼苗染病根茎缩，主根黄褐次根没。
成株如若把病染，蔓茎根茎水浸斑。
湿大根茎变腐烂，整株萎蔫后枯干。

[防治]

轮作倒茬二三年，生物菌肥把根蘸。
灌水防淹起高垄，不施生粪把病控。
病前喷淋立枯净，甲托湿粉多菌灵。
还有氯溴氢尿酸，配兑药液把根灌。

防治辣椒根腐病使用药剂

通用名称（商品名称）	剂型	使用方法
甲基硫菌灵（甲基托布津）	70% 可湿性粉剂	500 倍液喷雾
多菌灵	50% 可湿性粉剂	800 倍液喷雾
氯溴氢尿酸	50% 粉剂	1000 倍液喷雾或灌根
福·甲（立枯净）	35% 可湿性粉剂	800 倍液喷雾或灌根

辣椒（色链隔孢）叶斑病

[诊断]

叶片正反病斑显，近圆或者至长圆。
叶面病斑色黄褐，湿时出现灰霉物。
病斑两面轮纹显，高温高湿快扩展。
育苗床间易出现，成株下叶有时见。

[防治]

采后落叶集中烧，隔年轮作病害少。
化学农药病初防，多菌灵或铜高尚。
科博湿粉百菌清，间隔十天三次用。

防治辣椒（色链隔孢）叶斑病使用药剂

通用名称（商品名称）	剂型	使用方法
多菌灵	50% 可湿性粉剂	500 倍液喷雾
碱式硫酸铜（铜高尚）	27% 悬浮剂	600 倍液喷雾
波·锰锌（科博）	78% 可湿性粉剂	600 倍液喷雾
百菌清	75% 可湿性粉剂	800 倍液喷雾

茄子绵疫病

[诊断]

地面果实发病先，长茄发病果腰染。
水浸小斑色褐暗，最后果实全蔓延。
病果缩软皱纹显，高湿白毛生上面。

叶片受害水浸点，形成不规大病斑。
烂后失水缩黑褐，多数病果向地落。
褐色轮纹随后显，遇湿很快来扩散。
稀疏白霉上面产，干燥慢扩裂枯干。
茎部发病细缢变，病斑颜色紫褐显。
病上枝叶呈萎蔫，湿时稀疏白霉产。

[防治]

培育壮苗和健苗，抗病品种仔细挑。
圆茄一般抗病好，管理水平应提高。
及时采收病株清，喷药保护能治病。
甲霜锰锌克菌丹，乙膦锰锌杀毒矾。

茄子绵疫病

防治茄子绵疫病使用药剂

通用名称（商品名称）	剂 型	使 用 方 法
甲霜灵·锰锌	58% 可湿性粉剂	500 倍液喷雾
乙膦铝·锰锌	70% 可湿性粉剂	500 倍液喷雾
恶霜·锰锌（杀毒矾）	64% 可湿性粉剂	500 倍液喷雾
克菌丹	50% 可湿性粉剂	600~800 倍液均匀喷雾

茄子褐色纹病

[诊断]

防病果实为重点，表面病斑褐色圆。
扩大全果稍凹陷，最后果实全腐软。
病果烂落残枝站，收缩变形果僵干。
幼苗感病茎基秆，出现梭形褐陷斑。

病斑扩展绕茎缩，幼苗立枯或猝倒。
叶片发病下叶先，苍白水浸小白点。
逐渐变褐形近圆，后期扩大不规斑。
边缘深褐灰中间，组织薄脆把孔穿。
茎秆发病形似梭，中间灰白边缘褐。
皮层溃疡又腐烂，扩后内部白腐干。
隆起黑点生表面，皮层脱落木质显。
病环绕茎转一圈，整株全都枯死完。

[防治]

培育无病健壮苗，抗病品种选择好。
加强管理很重要，病株残体处理掉。
化学农药比较多，合理配兑好效果。
百菌清或苯菌灵，世高水剂或福星。

防治茄子褐色纹病使用药剂

通用名称（商品名称）	剂型	使用方法
百菌清	75% 可湿性粉剂	800 倍液喷雾
苯菌灵	50% 可湿性粉剂	500 倍液喷雾
恶醚唑（世高）	10% 水粒剂	3000~4000 倍液喷雾，发病初期施药效果最佳
氟硅唑（福星）	40% 乳油	7000~8000 倍液喷雾

[诊断]

黄萎俗称半边疯，门茄坐果病始生。
叶片受害下叶先，叶缘叶脉全黄变。
萎蔫症状中午显，早晚病叶可复原。
后期病叶黄变褐，有时叶卷萎脱落。
解剖根茎枝叶柄，全株维管都生病。
维管黄褐是特点，嫁接换根可避免。

[防治]

肥水管理把关严，抗病品种仔细选。
嫁接防病是重点，劈接增产实效见。
葱蒜轮作三四年，高效液肥洒叶面。
药剂防治配合用，溶菌灵粉把病控。
甲基托布多菌灵，移栽前后灌根茎。

茄子黄萎病

防治茄子黄萎病使用药剂

通用名称（商品名称）	剂型	使用方法
甲基硫菌灵（甲基托布津）	50%可湿性粉剂	500~1000倍液移栽时灌根
多菌灵	50%可湿性粉剂	800倍液喷雾
多菌灵磺酸盐（溶菌灵）	50%可湿性粉剂	700倍液浇灌，每株灌兑好的药液100毫升，7天喷1次

茄子菌核病

[诊断]

茎叶花果都感染，茎基侧枝最常见。
淡褐病斑稍凹陷，白绵菌丝生茎面。
严重株枯皮层烂，茎面髓部菌核产。
近地果实发病先，初呈水浸果腐烂。
白色霉粒见果面，后期菌核黑色变。
苗期发病于茎基，颜色浅褐呈水渍。
高湿病部变腐软，干燥颜色灰白变。

[防治]

种子精选菌原减，清除残体洁田园。
土壤消毒少浸染，加温防寒冻害免。
中心病株若发现，多硫悬剂喷基秆。
异菌脲或农利灵，轮换使用好效应。

防治茄子菌核病使用药剂

通用名称（商品名称）	剂型	使用方法
异菌脲	50% 可湿性粉剂	1000 倍液喷雾
乙烯菌核利（农利灵）	50% 可湿性粉剂	1000 倍液喷雾
多·硫	50% 悬浮剂	500 倍液喷雾

茄子白粉病

[诊断]

该病主害茎叶片，白粉斑点布叶面。
病斑扩展成片连，白粉加厚灰色淡。
叶片变黄叶枯干，综合防治最当先。

白粉发生防治难，技术要点记心间。

[防治]

合理轮作把病防，栽培管理要加强。

追施磷钾增光照，温度湿度调节好。

药剂防治要抓早，叶背叶面均喷到。

苯菌灵或特富灵，硫黄悬剂三唑醇。

茄子白粉病

防治茄子白粉病使用药剂

通用名称（商品名称）	剂 型	使 用 方 法
苯菌灵	50% 可湿性粉剂	1000 倍液喷雾
氟菌唑（特富灵）	30% 可湿性粉剂	1500~2000 倍液喷雾
硫黄	50% 悬浮剂	300 倍液喷雾
三唑醇	15% 可湿性粉剂	1000 倍液喷雾

注：以上药剂交替使用，7 天 1 次连喷 3 遍。

茄子早疫病

[诊断]

茄子早疫害叶片，病斑圆形或近圆。

边缘深褐中央浅，中央灰白网纹显。

高湿病斑灰霉产，病情严重茎侵染。

黑褐圆斑落叶片，果实染病易腐烂。

茄子早疫病

[防治]

非茄作物轮三年，温水浸种首当先。
清除残体减菌源，肥水合理危害减。
病初喷洒扑海因，科博湿粉百菌清。
间隔七天互轮换，连续防治得三遍。

防治茄子早疫病使用药剂

通用名称（商品名称）	剂 型	使 用 方 法
百菌清	75% 可湿性粉剂	500 倍液喷雾
波·锰锌（科博）	78% 可湿性粉剂	500 倍液喷雾
异菌脲（扑海因）	50% 可湿性粉剂	1000 液喷雾

茄子灰霉病

[诊断]

茎叶发病黄蔫萎，湿时水浸生灰霉。
褐色病斑速发展，幼苗萎蔫死茎尖。
有时幼茎缢缩变，病部枯死全折断。
果实受害云状斑，密布灰霉速腐烂。

[防治]

豆十作物轮三年，清除病体洁田园。
温水浸种后催芽，加强管理增施钾。
异菌脲粉病初洒，腐霉利粉控病发。
甲硫霉威菜菌清，轮换使用好效应。

茄子灰霉病

防治茄子灰霉病使用药剂

通用名称（商品名称）	剂 型	使用方法
异菌脲	50%可湿性粉剂	1000倍液喷雾
腐霉利	50%可湿性粉剂	1500~2000倍液喷雾
甲硫·霉威	65%可湿性粉剂	1000倍液喷雾
二氯异氰脲酸钠（菜菌清）	20%可溶性粉剂	900倍液发病初期喷雾

茄子褐色圆星病

[诊断]

病菌单一害叶片，病斑圆形或近圆。
随后病斑有特点，初期褐色很明显。
后期病斑把色变，灰褐出现斑中间。
红褐仍在斑边缘，病斑外围黄白圈。
斑中有时破裂穿，高湿灰霉能看见。
病斑密生危害严，叶片早落易破烂。

[防治]

加强管理适密植，清沟排渍通透气。
合理施肥增磷钾，药剂防治控病发。
多菌灵粉和甲托，加瑞农粉有效果。
代森锰锌苯菌灵，轮换使用好效应。

茄子褐色圆星病

防治茄子褐色圆星病使用药剂

通用名称（商品名称）	剂型	使用方法
春雷氰氧铜（加瑞农）	47% 可湿性粉剂	700 倍液喷雾
多菌灵	50% 可湿性粉剂	800 倍液喷雾
苯菌灵	50% 可湿性粉剂	600 倍液喷雾
代森锰锌	70% 可湿性粉剂	400~500 倍液喷雾
甲基硫菌灵（甲基托布津）	50% 可湿性粉剂	400~500 倍液喷雾

茄子绒斑病

[诊断]

叶片发病始边缘，褪绿斑点不明显。
榄褐色霉绒毛状，仔细观察叶背长。
果实染病黑革质，叶背蔓延至果实。
果实另显白色斑，成熟果实再细看。
病斑黄色又下陷，黑色僵果最后见。
叶霉绒斑两种病，各找特点再定性。

[防治]

加强栽管适密植，通风透光减少病。
喷药安排在上午，排风降湿起作用。
发现病害若较晚，高温闷棚放在先。
病初喷施甲霜灵，加瑞农粉和福星。
轮换使用无抗性，采前七天药要停。

注：高温闷棚时温度掌握在 36 ~ 38℃保持 1 小时。

茄子绒斑病

防治茄子绒斑病使用药剂

通用名称（商品名称）	剂型	使用方法
甲霜灵	58% 可湿性粉剂	500~600 倍液喷雾
氟硅唑（福星）	40% 乳油	7000~8000 倍液喷雾
春雷氰氧铜（加瑞农）	47% 可湿性粉剂	600 倍液喷雾

茄子根腐病

[诊断]

定植之后病始染，主根茎基受害先。
水渍病斑后褐转，最后又变褐色暗。
此时地面植株看，并无异常症状现。
根茎病斑随扩展，围绕根茎转一圈。
病组溃烂木质见，植株地上症才显。
中午叶片成萎蔫，恢复正常在早晚。
如果继续再发展，木质发生褐色变。
茎基主根皮褐烂，侧根根量也在减。
最后黄枯成死亡，病株基部粉霉长。

[防治]

棚室定植土毒消，合理施肥应记牢。
适量浇水不漫灌，及时松土危害减。
农事活动要注意，避免碰伤根和茎。
虫害防治应提前，防止病菌来侵染。
清除病残洁田园，深埋毁销彻底铲。

苗床消毒应干净，恶霉灵药好效应。
定植初期病若发，氟吗锰锌细喷洒。
甲基托布多菌灵，茎基浇灌或喷淋。

茄子根腐病

防治茄子根腐病使用药剂

通用名称（商品名称）	剂型	使用方法
恶霉灵	30% 水剂	800 倍液喷雾或浇灌
氟吗·锰锌	60% 可湿性粉剂	700 倍液喷淋茎基或浇灌
甲基硫菌灵（甲基托布津）	50% 可湿性粉剂	400~500 倍液喷雾或浇灌
多菌灵	50% 可湿性粉剂	400~500 倍液喷雾或浇灌

茄子棒孢叶斑病（黑枯病）

[诊断]

叶茎果实均可染，病初叶生紫黑点。
扩展圆或不规斑，斑内色浅黑周缘。

[防治]

通风透光湿度降，苗床管理风多放。
病初对症药始喷，波锰锌粉多菌灵。

防治茄子棒孢叶斑病（黑枯病）使用药剂

通用名称	剂型	使用方法
波·锰锌	78% 可湿性粉剂	600 倍液喷雾
多菌灵	50% 可湿性粉剂	600 倍液喷雾

茄子细菌性褐斑病

[诊断]

花蕾叶片主侵染，茎和果实也难免。
叶片发病始叶缘，初为无形褐小点。
以后扩大合大斑，重时叶卷落枯干。
花蕾发病萼片先，灰色病斑上面产。
整个花器全扩展，发病部位灰腐烂。
病部以上叶凋蔫，果实受害脐部先。
直到整果腐烂完，但是一般很少见。

[防治]

非茄蔬菜轮三年，田间操作伤口减。
低温高湿要避免，灌水防止水滴溅。
农链霉素病初洒，氢氧化铜把菌杀。
靠山颗粒加瑞农，七天一次好作用。

防治茄子细菌性褐斑病使用药剂

通用名称（商品名称）	剂 型	使 用 方 法
农链霉素	72% 可湿性粉剂	3000 倍液喷雾
氧化亚铜（靠山）	56% 水粒剂	600~800 倍液喷雾
春雷氰氧铜（加瑞农）	47% 可湿性粉剂	800 倍液喷雾
氢氧化铜	77% 可湿性粉剂	500 倍液喷雾

[诊断]

成株期间显病症，常见症状有三种。
一类症状花叶型，上下叶片全发病。
叶片黄绿呈相间，形成斑驳花叶片。
二类坏死斑点型，出现紫褐坏死斑。
有时坏死轮点状，叶面皱缩萎缩样。
三类大型轮点型，叶片产生黄小点。
组成轮状大病斑，有时轮点坏死干。

[防治]

耐病品种认真选，磷酸三钠浸种先。
整枝打杈操作前，肥皂洗手防传染。
防治蚜虫红蜘蛛，减少介体传病毒。
肥水管理应加强，清除杂草洁田园。
宁南霉素或毒消，病毒必克效果好。

防治茄子病毒病使用药剂

通用名称（商品名称）	剂型	使用方法
宁南霉素	2% 水剂	500 倍液发病初期叶面喷雾 7~10 天 1 次，连喷 3 次
三氮唑核苷·铜·锌（病毒必克）	3.85% 水剂	500~600 倍液喷雾
混脂酸·铜（毒消）	24% 水剂	700 倍液喷雾

茄子根结线虫病

[诊断]

根部发生是重点，尤以侧根最明显。
每个支根球瘤长，瘤瘤相结念球状。
表面初白后褐变，阻碍根系发育健。
功能消失萎缩显，天旱枯死或萎蔫。

[防治]

非茄作物轮二年，深翻土壤减虫源。
病株病根清除掉，带出田外及时烧。
棉隆药剂细土拌，撒到土表再深翻。
阿维菌素颗粒用，处理土壤虫少生。

防治茄子根结线虫病使用药剂

通用名称(商品名称)	剂型	使用方法
棉隆	98% 粉剂	6 千克 /667 米 ^{2} 均匀拌以 50 千克细土，撒施或沟施
阿维菌素	2.5% 颗粒剂	1.5 千克 /667 米 ^{2} 与 50 千克细土混匀撒于定植穴

茄子枯萎病

[诊断]

枯萎病株有特点，病叶由下向上展。
一二层枝多表现，有时叶片黄半边。
横剖病茎仔细看，病部维管褐色显。
枯萎黄萎易混乱，准确诊断需镜检。

[防治]

参见番茄枯萎病。

茄子褐轮纹病（茄轮纹灰心病）

[诊断]

轮纹灰心害叶片，初生褐色圆形斑。
同心轮纹病斑显，后期中心灰白变。
病斑易破或穿孔，春夏阴湿易发病。

[防治]

轮作倒茬二三年，种子消毒首当先。
适当密植光多见，雨后排水湿度减。
病初喷洒百菌清，代森锰锌多菌灵。
天阴棚室来熏烟，百硫悬剂防效显。

防治茄子褐轮纹病（茄轮纹灰心病）使用药剂

通用名称	剂 型	使 用 方 法
代森锰锌	70% 悬浮剂	500 倍液喷雾
百菌清	75% 可湿性粉剂	600 倍液喷雾
多菌灵	50% 可湿性粉剂	800 倍液喷雾
百·硫	50% 悬浮剂	500 倍液喷雾

茄子软腐病

[诊断]

茄子软腐果实染，病果初生水渍斑。
随后果肉变腐烂，恶臭气味鼻中窜。
果皮外表褐色变，失水干缩挂枝干。

[防治]

合理密植育壮苗，加强通风防湿高。
棉铃害虫及时防，药剂防治应跟上。
雨前雨后喷农链，新植霉素铜高尚。

琥胶酸铜加瑞农，轮换使用好作用。

茄子软腐病

防治茄子软腐病使用药剂

通用名称（商品名称）	剂型	使用方法
农链霉素	72% 可湿性粉剂	3000 倍液喷雾
新植霉素	72% 可湿性粉剂	4000 倍液喷雾
碱式硫酸铜（铜高尚）	27% 悬浮剂	600 倍液喷雾
琥胶肥酸铜	50% 可湿性粉剂	500 倍液喷雾
春雷氰氧铜（加瑞农）	47% 可湿性粉剂	700 倍液喷雾

茄子炭疽病

［诊断］

果斑不定或近圆，颜色黑褐或凹陷。

湿时斑面生黑点，赭红黏物生表面。

轻时斑小不扩展，重时果实变腐烂。

［防治］

可参见番茄炭疽病。

茄子红粉病

［诊断］

果柄染病传果面，雨后高温易出现。

病初变褐皮层烂，随后粉红霉物见。

［防治］

轮作倒茬三四年，残枝病果清除完。

茄子红粉病

甲托湿粉多氧清，病初喷洒好效应。

防治茄子红粉病使用药剂

通用名称(商品名称)	剂 型	使用方法
多抗霉素(多氧清)	3% 水剂	800 倍液喷雾
甲基硫菌灵(甲托)	50% 悬浮剂	700 倍液喷雾

茄子根霉果腐病

[诊断]

幼果成果均可染，病初水浸褐色斑。
扩展全果褐腐软，湿时灰白霉层产。
随后可见褐毛物，个别干缩成僵果。

[防治]

棚室湿度及时降，合理密植透风光。
病初喷洒波锰锌，氧化亚铜细喷淋。
氢氧化铜加瑞农，轮换交替三次用。

防治茄子根霉果腐病使用药剂

通用名称(商品名称)	剂 型	使用方法
氧化亚铜	86% 悬浮剂	900 倍液喷雾
氢氧化铜	53.8% 干悬剂	800 倍液喷雾
波·锰锌	78% 可湿性粉剂	600 倍液喷雾
春雷氰氧铜(加瑞农)	47% 可湿性粉剂	700 倍液喷雾

番茄生理性卷叶

[诊断]

番茄卷叶棚室多，大量坐果养分耗。
过干过湿氮肥多，品种差异须知道。

[防治]

适期整枝很重要，轻轻摘除动手早。
设施栽培防温高，入夏季节水勤浇。
果期叶喷磷二钾，浓度适宜效果佳。
徒长叶片适剪掉，秧根发育应协调。

番茄沤根

[诊断]

发病原因有好多，低温高湿生粪烧。
定植以后天连阴，棚室冬春易发病。
没有新根再出现，幼根表面锈褐显。
最后逐渐成腐烂，地上叶片生长缓。
萎蔫发黄枯死变，拔出根部腐烂见。

[防治]

整平畦面首当先，过湿过干要避免。
创造条件育壮苗，温度一定把握好。
苗床管理要加强，科学通风湿度降。
发现沤根积极防，松土保温促根长。
植株只有轻度蔫，茎基覆土新根产。

番茄果实筋腐病

[诊断]

二穗果实大量生，病果转红症状明。
着色不匀显果面，果肉维管黑褐变。
重时病部褐色淡，表面部分全硬坚。
病果胎座育不良，部分果实有空腔。
植株病叶无症状，发病果实价值降。
预防需要找病根，光照积温是原因。

[防治]

抗病品种要先选，轮作倒茬环境变。
光照条件要改善，及时清洁棚膜面。
后墙张挂反光幕，植株光照可增补。
病果残叶摘除完，浇水适量不漫灌。
多施钾肥少施氮，磷酸二钾喷叶面。
复合液肥配兑好，七天一次最有效。

（注：磷酸二钾施用浓度为 0.2% ~ 0.3%）

番茄落花落果

[诊断]

温室冬春种番茄，落花落果不奇怪。
不良环境是条件，花芽分化不完全。
一穗花果畸形多，二穗花果大量落。

[防治]

加强栽管育壮苗，五十天苗恰到好。
适时定植冻害免，配方施肥不偏氮。
小水勤浇不漫灌，高温高湿要避免。

番茄落花落果

冬春花期温偏低，植物激素须处理。
保花保果 2,4–D，浸醮花朵最容易。
配兑浓度看商标，过高过低无效果。
千万莫要图省工，喷洒叶面药害重。

（注：64% 粉剂 2，4–D 正常施用浓度为 10 ~ 15 毫克 / 升，高温下浓度为 6 ~ 8 毫克 / 升）

番茄脐腐病

[诊断]

发病多在果顶尖，顶端脐部生病斑。
初呈水浸色绿暗，后期半果被侵染。
很快发生黑色变，果肉组织缩平扁。
病果健部先变红，空气潮湿生霉层。
霉粉色泽好多种，墨绿红色或粉红。
水分失调是主因，适施钙肥抗性增。

[防治]

促根生长育壮苗，抗病能力要提高。
均匀供应水适浇，抗病品种不能少。
砂质壤土把水保，栽种番茄效果好。
分期适量肥施到，防止过多把根烧。
整枝疏叶水分减，增施磷钾是重点。
结果以内一个月，吸收钙素快又多。
氯化钙或硝酸钙，叶面喷洒追根外。
间隔一般十五天，连喷两次病状缓。

（注：氯化钙和硝酸钙的使用浓度分别为 0.5% 和 0.1%）

番茄裂果

[诊断]

裂果多在成熟果，若分类型有两种。
一是脐部及周边，果皮开裂种外翻。
再是果蒂绕一圈，条状裂纹生上边。
果生裂纹把病感，早疫晚疫常侵染。
或感细菌而腐烂，商品价值不再现。

[防治]

优选品种理当先，前干后湿力避免。
保果药剂浓度严，谨慎掌握药害免。

番茄2,4-D药害

[诊断]

受害叶片向下弯，新叶不能正常展。
皱缩变小或细长，叶缘扭曲叶硬僵。
茎蔓凸起颜色浅，果实畸形很难看。

[防治]

2,4-D浓度掌握好，过高过低无效果。
蘸花适时危害少，三至四朵蘸花好。
重复蘸花避免掉，预防认错加颜料。
嫩枝嫩叶不接近，叶面喷洒严格禁。

（注：64%2,4-D粉剂正常施用浓度为10～15毫克/升，高温下浓度为6～8毫克/升）

番茄高温障碍

[诊断]

棚室番茄很普遍，温度过高危害严。
叶片受害褪色显，或者叶缘黄白变。
轻时叶缘烧伤显，重时整叶都出现。
导致永久性萎蔫，或者干枯难复原。

[防治]

加强通风叶温降，光照过强须遮阳。
清水喷洒高温防，棚内可挂遮阳网。

番茄低温障碍

[诊断]

苗期低温多表现，子叶上举背反卷。
叶背发紫特显眼，中上叶片仔细观。
叶缘叶肉全白变，以至萎蔫成枯干。
顶芽生长冻害产，畸花畸果便出现。
果实不易把色上，或者色浅品质降。
低温持续时间长，叶片暗绿且无光。
严重茎叶萎蔫状，不能恢复株死亡。

[防治]

低温锻炼株体壮，地膜覆盖抗性强。
如遇寒流温度加，高脂膜剂傍晚洒。
低温过后莫着急，缓慢升温好注意。

（注：27%高脂膜乳剂80～100倍液喷洒）

番茄日灼病

[诊断]

番茄肩部多常见，病部果面仔细观。
光泽透明革质显，后变白或黄褐斑。
有的裂纹很显眼，干缩变硬后凹陷。
果肉发生褐色变，腐生真菌病部染。
白霉黑霉上边产，或者果实成腐烂。

[防治]

棚室通风要加强，光照太强遮阳光。
及时灌水气温降，避免发生日灼伤。
适度整枝保叶繁，叶片遮果好办法。
增施机肥土壤调，保水性能应提高。
喷施钙肥有作用，硫酸铜或硫酸锌。
兑好浓度细喷淋，增强抗性好效应。

（注：硫酸铜和硫酸锌的使用浓度为0.1%）

番茄红熟期显网果

[诊断]

近熟果实显症状，皮下维管网状黄。
熟果脐部仔细看，透过果皮维管见。
放射网筋很明显，病果采后速变软。
风味变差储期短，商品性能也劣变。

[防治]

土壤干旱应避免，果实膨大水适灌。
选好品种苗育壮，定植苗龄不过长。

番茄畸形果

[诊断]

番茄畸果有多种，纵沟指突菊花形。
果表凸凹不平整，心室变乱数不定。
畸形果实多出现，花芽分化是根源。
温度过低氮肥多，日照不足湿度高。
花芽分化时间长，细胞分裂过于旺。
心皮分化数目增，花后发育不均衡。

[防治]

苗期管理要加强，低温高湿多预防。
苗床氮肥不超量，低温季节水量降。
第一花序畸果多，发现畸形应除掉。
蘸花保果适浓度，仔细标记不重复。

番茄逗果和僵果

[诊断]

发育不良果实小，樱桃大小粒形果。
花蒂染病色暗褐，果髓坏死有时落。
温度过低或过高，授粉授精少光照。

[防治]

选择品种要适当，苗期管理要加强。
冬春季节勤调控，增加光照防低温。

辣椒日灼病

[诊断]

日灼发生果阳面，果面褪色质硬变。
淡黄灰白皮革状，表皮失水裂破样。
腐生病菌常侵染，灰黑霉层生表面。
最后病部全腐烂，伏天强光多可见。

[防治]

合理密植很重要，一穴双株要记牢。
田间管理应加强，早期落叶及时防。
枝叶繁茂果不烧，灌水均匀保证好。
过磷酸钙喷叶面，间隔半月喷三遍。

（注：过磷酸钙的使用浓度为 1%）

茄子僵果

[诊断]

冬春栽培常出现，果实较小颜色淡。
发育停止果坚硬，价值很低难食用。
花后授精不正常，单性结实果变僵。
肥多水少环境燥，营养失调生僵果。

[防治]

畸果品种要少选，育苗之时光多见。
苗期尽量把温保，白天注意增光照。
配方施肥应提倡，浇水适时且适量。
叶面喷施营养液，稀土纯剂九二零。

（注：稀土纯剂 50 克兑水 30 千克于苗期、生长期喷洒，920 植物生长调节剂喷洒浓度为 3000 倍液）

番茄绿果肩

[诊断]

果实成熟红不全，果肩绿色仍然见。

绿色区块果肉硬，再熟依然不变红。

发病原因有几点，土壤干旱偏施氮。

硼素钾肥较缺少，品种因素最重要。

[防治]

抗病品种要首选，配方施肥需提倡。

棚室栽培增光照，追施氮肥不宜晚。

番茄早疫病与晚疫病

[区别]

早疫晚疫要分清，霉层识别最注重。

早疫霉层黑色显，晚疫白霉长上边。

番茄灰霉病和叶霉病

[区别]

灰霉叶上V字斑，不规叶斑是叶霉。

灰霉霉层灰色显，果面可见圆白圈。

叶霉初生霉白色，随后变成绒褐霉。

番茄枯萎病与青枯病

[区别]

二者维管均褐变，若要分清抓关键。
青枯新鲜用手捏，白色黏液渗出来。
枯萎并无此特点，病部湿时红霉产。

八、叶菜类蔬菜病害诊断与防治

芹菜斑枯病

[诊断]

芹菜斑枯称火龙，侵染叶片危害重。
一般老叶发病先，向上扩展新叶面。
大斑小斑细分辨，油渍小斑呈褐淡。
病斑扩大颜色变，褐色坏死斑中间。
外缘红褐色明显，中间散生小黑点。
大小病斑难诊断，发病开始一样斑。
后期逐渐有特点，小斑中央黄白显。
边缘聚生小黑粒，并且常具黄晕圈。
叶柄茎部受侵染，病斑油渍形长圆。
颜色暗褐稍凹陷，中央密生小黑点。

芹菜斑枯病

[防治]

种子消毒很关键，清除残体少病原。
放风降湿不漫灌，及时喷药病症减。
百菌烟粉杀毒矾，另外还有多硫悬。
以上药剂互轮换，天阴应用防效显。

防治芹菜斑枯病使用药剂

通用名称（商品名称）	剂 型	使 用 方 法
百菌清	75% 可湿性粉剂 45% 烟剂 5% 粉尘	600 倍液喷雾 200 克 /667 米^2 熏烟 1000 克 /667 米^2 喷撒
氢氧化铜（杀毒矾）	64% 可湿性粉剂	500 倍液喷雾
多·硫	50% 悬浮剂	200~300 倍液喷雾

芹菜软腐病

[诊断]

芹菜腐烂细菌染，柄基茎上常出现。
水渍纺锤不规斑，病斑凹陷颜色淡。
后期变黑臭腐烂，最后残留剩维管。

[防治]

二年轮作把茬倒，培土不宜太过高。
撒施石灰病毒消，发病初期水少浇。
药剂防治配合到，农链霉素效果好。
氢氧化铜络氨铜，新植霉素好作用。

芹菜软腐病

防治芹菜软腐病使用药剂

通用名称（商品名称）	剂 型	使 用 方 法
农链霉素	72% 可湿性粉剂	3000 倍液喷雾
络氨铜	14% 水剂	350 倍液喷雾
氢氧化铜	77% 可湿性粉剂	600 倍液喷雾
新植霉素	72% 可湿性粉剂	4000 倍液喷雾

芹菜病毒病

[诊断]

幼苗开始病就生，症状类型有两种。
一是病叶首表现，黄绿相间疱花斑。
叶片畸形柄缩短，褐色枯斑表现全。
二是叶片黄斑显，整个植株黄化变。
高温干旱蚜虫满，苗期病毒来侵染。
全株矮小不生长，菜心畸形扭曲状。

[防治]

苗期防病是重点，高温干旱应避免。
适时浇水防旱涝，植株健壮病害少。
防止蚜虫来传播，啶虫脒油好效果。
抗蚜威或吡虫啉，相互轮换交替喷。

防治芹菜病毒病使用药剂

通用名称	剂 型	使 用 方 法
抗蚜威	50% 可湿性粉剂	2000 倍液喷雾
啶虫脒	3% 乳油	1500~2000 倍液喷雾
吡虫啉	10% 可湿性粉剂	3000~4000 倍液喷雾

芹菜叶斑病

[诊断]

叶斑又被称旱疫，主害叶片要注意。
叶上黄绿水渍斑，形似不规或近圆。
病斑灰褐缘不显，重时病斑连成片。
茎或叶柄病若染，病斑形状呈椭圆。
斑呈灰褐稍凹陷，病重全株倒伏变。
若遇高湿特征显，灰白霉层病部产。

[防治]

耐病品种仔细选，温水浸种记心间。
其他作物轮二年，合理密植水适灌。
病初喷洒多菌灵，氢氧化铜托布津。
棚室可选百菌清，熏烟喷粉好效应。

防治芹菜叶斑病使用药剂

通用名称（商品名称）	剂 型	使 用 方 法
氢氧化铜	77% 可湿性粉剂	600 倍液喷雾
百菌清	75% 可湿性粉剂 45% 烟剂 5% 粉尘	600 倍液喷雾 200 克 /667 米 ^{2} 熏烟 1000 克 /667 米 ^{2} 喷撒
甲基硫菌灵（甲基托布津）	70% 可湿性粉剂	400 倍液喷雾
多菌灵	50% 可湿性粉剂	800 倍液喷雾

菠菜霜霉病

[诊断]

该病主要害叶片，感病初呈淡黄点。
病斑边缘不明显，扩展形状不规范。
灰白霉层叶背产，最后发生灰紫变。
病从外叶向内展，干旱病叶枯黄现。

湿度大时多腐烂，严重整株叶枯完。
该病分布很普遍，多为冬前系统染。

[防治]

早春菜田仔细看，萎缩植株若发现。
及时拔除田外烧，侵染菌源可减少。
其他作物轮二年，加强栽管水适灌。
发病初期药喷洒，乙膦铝粉控病发。
霜霉威或杀毒矾，甲霜锰锌互轮换。
间隔七天保安全，连续喷药防三遍。

防治菠菜霜霉病使用药剂

通用名称（商品名称）	剂型	使用方法
乙膦铝	40%可湿性粉剂	300倍液喷雾或灌根，每墩灌药液125克
氢氧化铜（杀毒矾）	64%可湿性粉剂	600倍液喷雾
甲霜灵·锰锌	58%可湿性粉剂	400倍液喷雾
霜霉威	72.2%水剂	800倍液喷雾

菠菜霜霉病

菠菜炭疽病

[诊断]

主要为害茎叶片，叶片如若把病染。
初生污点黄色淡，逐渐扩大灰褐现。
病斑椭圆或呈圆，上具轮纹能看见。
中央布有小黑点，种株感病茎部观。
纺锤或者梭形斑，轮纹黑点密布满。

[防治]

无病株上选种好，温水浸种种毒消。

其他蔬菜轮二年，合理密植不漫灌。
清理病残洁田园，田外烧毁深埋完。
病初喷洒多菌灵，炭疽福美百菌清。

防治菠菜炭疽病使用药剂

通用名称（商品名称）	剂 型	使 用 方 法
多菌灵	50% 可湿性粉剂	700 倍液喷雾
福·福·锌（炭疽福美）	80% 可湿性粉剂	800 倍液喷雾
百菌清	75% 可湿性粉剂	600 倍液喷雾

油麦菜霜霉病

[诊断]

高温高湿易感染，外叶向内渐发展。
真叶发病叶背面，初期水浸淡黄斑。
病斑多受叶脉限，湿大叶背白霉产。

[防治]

抗病品种仔细选，通风透光病可减。
无害农药应喷到，菠菜霜霉可参照。

苋菜白锈病

[诊断]

白锈主要害叶片，叶面初现褪色斑。
白色疱斑生叶背，严重斑密食不堪。

[防治]

肥水管理应加强，适度密植透风光。

药剂拌种灭菌源，病初农药对症选。
甲霜锰锌或克露，相互轮换喷病部。

防治苋菜白锈病使用药剂

通用名称	剂型	使用方法
甲霜灵·锰锌	58% 可湿性粉剂	800 倍液喷雾
霜脲·锰锌（克露）	72% 可湿性粉剂	1000 倍液喷雾

莴笋黑斑病（轮纹病）

[诊断]

莴笋黑斑称轮纹，危害叶片多流行。
叶片病状有特点，圆或近圆褐色斑。
病斑大小差异大，不同条件斑变化。
同心轮纹显叶面，一般霉物看不见。

[防治]

不与菊科相连作，老病残株集中烧。
发病初期喷农药，科博湿粉异菌脲。
氢氧化铜多菌灵，间隔十天三遍用。

防治莴笋黑斑病（轮纹病）使用药剂

通用名称（商品名称）	剂型	使用方法
波·锰锌（科博）	78% 可湿性粉剂	600 倍液喷雾
多菌灵	50% 可湿性粉剂	1000 倍液喷雾
异菌脲	50% 可湿性粉剂	1500 倍液喷雾
氢氧化铜	53.8% 悬浮剂	1000 倍液喷雾

九、豆类蔬菜病害诊断与防治

菜豆、豇豆锈病

[诊断]

锈病主要害叶片，严重之时扩茎蔓。
病初小斑色黄淡，逐渐发生锈褐变。
中央隆起小疱斑，扩后破裂锈粉散。
发病后期病症产，叶柄茎叶病状显。
锈状条斑色黑褐，散出黑粉表皮破。
病重茎叶枯死完，果荚质变食不堪。

[防治]

抗病品种仔细选，通风降湿把气换。
种植时期灵活变，发病高峰要避免。
春播宜早秋播晚，育苗移栽病害减。
实行轮作二三年，清除残体洁田园。
化学防治选剂型，丙环唑和三唑醇。
混合应用效果显，间隔半月防两遍。

防治菜豆、豇豆锈病使用药剂

通用名称（商品名称）	剂型	使用方法
三唑醇	15% 可湿性粉剂	2000 ~ 3000 倍液喷雾
丙环唑	25% 乳油	2000 倍液喷雾，15 天 1 次，防治 1 ~ 2 次

[诊断]

整个生育病害产，地上部分受害全。
叶片发病始叶背，叶脉条斑红褐色。
最后黑褐色出现，扩展多角网状斑。
叶柄茎蔓病若染，常常造成叶萎蔫。
豆荚受害褐小点，后变圆形或椭圆。
直径可达一厘米，中间凹陷色变黑。
边缘稍隆色褐淡，湿大溢出粉物黏。
种子染病有特点，黄褐凹斑食不堪。

[防治]

抗病品种认真选，种子处理放在前。
实行轮作得二年，加强栽管湿度减。
棚室密闭可熏烟，百菌清烟最安全。
病前病初要喷药，百菌清粉预防好。
代森锰锌托布津，炭疽福美能治病。
以上药剂互轮换，保证安全隔十天。

防治菜豆炭疽病使用药剂

通用名称 (商品名称)	剂 型	使 用 方 法
甲基硫菌灵 (甲基托布津)	50% 可湿性粉剂	500 倍液喷雾
代森锰锌	70% 可湿性粉剂	600 倍液喷雾
百菌清	75% 粉剂 45% 烟剂	800 倍液喷雾 250 克 /667 米 ^{2} 熏棚
福·福·锌 (炭疽福美)	80% 可湿性粉剂	800 倍液喷雾

菜豆花叶病毒病

[诊断]

发芽出苗症状产，新叶嫩叶病发先。
明脉失绿皱缩现，凹凸不平叶下弯。
感病品种矮缩变，叶片畸形花期延。
果荚量少症状显，容易落荚产量减。
病株严重荚黄斑，植株生长很缓慢。

[防治]

抗病品种选在先，建立无毒留种田。
田间管理要加强，追肥浇水应适量。
及时控制传毒蚜，功夫乳油把虫杀。
防毒药剂再喷洒，植病灵剂作用大。
抗毒一号有疗效，轮换使用效果好。

防治菜豆花叶病毒病使用药剂

通用名称（商品名称）	剂 型	使 用 方 法
高效氯氟氰菊酯（功夫）	2.5% 乳油	4000 倍液喷雾
菇类蛋白多糖（抗毒剂 1 号）	2% 水剂	300 倍液喷雾
植病灵	1.5% 乳油	1000 倍液喷雾

豇豆病毒病

[诊断]

棚室危害不普遍，病毒表现症状全。
花叶颜色深浅间，叶片畸形萎缩显。

[防治]

防病首先把虫防，黄板常挂田间上。

尿洗合剂莫小看，防治蚜虫无污染。
耐病品种仔细选，建立无病留种田。
蚜虫防治是重点，阿维虫清效果显。
加强管理摩擦减，提高抗性病害免。
病毒必克病毒净，钝化控制好效应。

豇豆病毒病

防治豇豆病毒病使用药剂

通用名称（商品名称）	剂型	使用方法
阿维虫清	0.2% 乳油	2000 倍液喷雾
三氮唑核苷·铜·锌（病毒必克）	1.5% 乳油	1000 倍液喷雾
盐酸吗啉胍·乙铜（病毒净）	20% 可湿性粉剂	100 倍液喷雾

菜豆细菌性疫病

［诊断］

菜豆疫病危害严，各个部分受害全。
叶片果荚最常见，典型症状记心间。
空气潮湿菌脓产，菌脓一般色黄淡。
干后病斑症状显，白黄薄膜生表面。
成叶发病始叶缘，暗绿油渍小斑点。
扩展后成不规斑，病部变薄褐枯干。
周围布有黄晕环，严重连片黄枯变。
病叶一般不脱落，高湿溢脓成白膜。
茎蔓受害褐条斑，溃疡凹陷绕茎转。
果荚受害像叶斑，皱缩褐陷形似圆。

菜豆细菌性疫病

[防治]

非豆作物轮三年，无病种子细挑选。
温水浸种把毒消，深翻土壤多除草。
合理施肥水不漫，加强通风湿度减。
氢氧化铜络氨铜，农链霉素好作用。

防治菜豆细菌性疫病使用药剂

通用名称	剂 型	使 用 方 法
络氨铜	14% 水剂	300 倍液喷雾
氢氧化铜	77% 可湿性粉剂	500 倍液喷雾
农链霉素	72% 粉剂	3000 倍液喷雾

菜豆轮纹病

[诊断]

轮纹病害棚室发，目前危害不算大。
该病主要害叶片，茎及果荚不明显。
病叶初生浓紫斑，最后扩大斑褐圆。
同心轮纹显斑面，湿时暗霉少量产。
茎部受害生条斑，绕茎扩展枯死干。

[防治]

实行轮作二三年，增施钾肥抗性强。
清除残体要毁销，发病初期早喷药。
氢氧化铜托布津，百菌清粉好效应。

菜豆轮纹病

防治菜豆轮纹病使用药剂

通用名称（商品名称）	剂型	使用方法
百菌清	75% 可湿性粉剂	800 倍液喷雾
氢氧化铜	77% 可湿性粉剂	500 倍液喷雾
甲基硫菌灵（甲基托布津）	70% 可湿性粉剂	1000 倍液喷雾

菜豆菌核病

[诊断]

保护地内易感染，近地茎基病出现。
初呈水浸灰白变，皮层组织崩溃干。
高湿茎腔生菌核，状似鼠粪呈黑褐。
严重之时害茎蔓，茎蔓枯死全萎蔫。

[防治]

无病种子认真选，轮作倒茬土深翻。
病株老叶摘除完，防止病害来传染。
合理施肥不偏氮，增施磷钾株体健。
生态防治最主要，必要之时药喷到。
农利灵或速克灵，异菌脲粉好效应。
喷施药液部位看，茎基花器叶地面。
五氯硝苯细土拌，均匀撒施在行间。

菜豆菌核病

防治菜豆菌核病使用药剂

通用名称（商品名称）	剂型	使用方法
乙烯菌核利（农利灵）	50% 可湿性粉剂	1000 倍液喷雾
异菌脲	50% 可湿性粉剂	1000~1500 倍液喷雾
腐霉利（速克灵）	50% 可湿性粉剂	1500~2000 倍液喷雾
五氯硝基苯	40% 可湿性粉剂	0.7 千克 /667 米^2 与 15 千克细土混匀，撒于行间

豇豆煤霉病

[诊断]

煤霉危害较普遍，荚数产量影响全。
症状主要在叶片，正反产生红紫点。
以后扩大形近圆，或者多角淡褐斑。
病健交界不明显，潮湿斑面黑霉产。
叶片背面最明显，严重之时叶落干。
数片嫩叶留顶端，结荚数量大幅减。

[防治]

田间管理要加强，通风透光肥适量。
清洁田园病害减，药剂防治控病延。
多硫悬或络氨铜，混杀硫悬多菌灵。
氢氧化铜互轮换，间隔十天喷三遍。

豇豆煤霉病

防治豇豆霉煤病使用药剂

通用名称	剂 型	使 用 方 法
络氨铜	14% 水剂	300 倍液喷雾
氢氧化铜	77% 可湿性粉剂	500 倍液喷雾
混杀硫	50% 悬浮剂	500 倍液喷雾
多·硫	40% 悬浮剂	800 倍液喷雾
多菌灵	50% 可湿性粉剂	600 倍液喷雾

菜豆根腐病

[诊断]

根部茎基主侵染，产生褐或黑色斑。
多由支根主根延，整个根系坏死烂。
病株极易拔外边，纵切维管红褐显。
地上茎叶枯萎蔫，湿大粉霉病部产。

[防治]

葱蒜蔬菜轮二年，平整土地防水淹。
氢氧化铜多硫悬，络氨铜水互轮换。

防治菜豆根腐病使用药剂

通用名称	剂 型	使 用 方 法
络氨铜	14% 水剂	300 倍液喷雾
氢氧化铜	77% 可湿性粉剂	500 倍液喷雾
多·硫	40% 悬浮剂	800 倍液喷雾

[诊断]

花期开始病症显，株下叶片先黄变。
最后逐渐向上展，叶脉变褐脉黄现。
然后枯干或脱落，全部维管变黄褐。
或者变为黑褐色，根部随之变色泽。
导致根腐皮层烂，并且极易拔外边。
结荚数量明显减，荚背腹线黄褐显。
花后病株注意观，大量枯死难保全。

[防治]

粮食作物轮三年，高垄栽培病可减。
抗病品种认真选，种子消毒用甲醛。
播前土壤处理净，立枯磷油广枯灵。
DT 湿粉效果显，配兑药液土中灌。
发病初期药喷洒，上述药剂控病发。
间隔十天保安全，轮换使用防三遍。

菜豆枯萎病

防治菜豆枯萎病使用药剂

通用名称（商品名称）	剂型	使用方法
甲醛	40% 水剂	300 倍液浸种 4 小时
甲基立枯磷	20% 乳油	1200 倍液浇灌
恶霉・甲霜（广枯灵）	3% 水剂	800 倍液喷雾，隔 10 天 1 次，共防 2 ~ 3 次
琥胶肥酸铜（DT）	50% 可湿性粉剂	300~400 倍液浇灌

[诊断]

花茎叶片均可染，根颈向上斑纹现。
边缘深褐中棕淡，干时病斑表皮观。
表皮破裂纤维状，湿大灰霉生在上。
茎枝感病凹陷斑，最后病枝成萎蔫。
子叶危害垂变软，灰白霉层生叶缘。
叶片染病大纹斑，后期容易破裂穿。
荚果染病先败花，最后扩展到果荚。
病斑淡褐褐软变，灰色霉层生表面。

[防治]

此病侵染潜伏长，各种措施综合防。
棚室栽培多通风，提温降湿把病控。
病叶病果摘除掉，摘前套袋后毁销。
定植病害零星发，腐霉利粉始喷洒。
异菌脲粉农利灵，甲硫霉威好效应。

防治菜豆灰霉病使用药剂

通用名称（商品名称）	剂 型	使 用 方 法
腐霉利	50% 可湿性粉剂	1500~2000 倍液喷雾
异菌脲	50% 可湿性粉剂	1000~1200 倍液喷雾
乙烯菌核利（农利灵）	50% 可湿性粉剂	1000 倍液喷雾
甲硫·霉威	65% 可湿性粉剂	1000 倍液喷雾

注：定植之后喷洒上述杀菌剂，隔 10 天 1 次，共 2~3 次。

菜豆角斑病

[诊断]

危害叶片是重点，产生多角黄褐斑。
最后发生紫褐变，灰紫霉层叶背显。
严重荚果把病感，大块霉斑荚上产。
中间黑色紫边缘，灰紫霉层后期现。
病斑一般不凹陷，可与炭疽清楚辨。

[防治]

无病植株留种好，温水浸种种毒消。
实行轮作得二年，病初喷洒杀毒矾。
琥乙膦铝可杀得，防治三遍七天隔。

防治菜豆角斑病使用药剂

通用名称（商品名称）	剂 型	使 用 方 法
恶霜·锰锌（杀毒矾）	64% 可湿性粉剂	500 倍液喷雾
琥乙膦铝	60% 可湿性粉剂	500 倍液喷雾
氢氧化铜（可杀得）	77% 可湿性粉剂	500 倍液喷雾

注：发病初期喷洒上述杀菌剂，隔 10 天 1 次，共 2~3 次。

菜豆细菌性晕疫病

[诊断]

病初上叶新叶看，不规水渍斑点现。
最后斑周现晕圈，斑上菌脓常溢产。
叶脉染病坏死变，皱缩畸形或孔穿。
果荚染病水渍点，随后变褐干缩陷。
菌脓常常渗斑面，病斑中央小枯点。
周围晕圈特别宽，可与疫病细分辨。

菜豆细菌性晕疫病

[防治]

抗病品种认真选，严格检疫防菌延。
农链霉素病初洒，氢氧化铜把菌杀。
两种药剂互轮换，间隔七天防二遍。

防治菜豆细菌性晕疫病使用药剂

通用名称	剂 型	使用方法
农链霉素	72% 可湿性粉剂	3000 倍液喷雾
氢氧化铜	77% 可湿性粉剂	500 倍液喷雾

菜豆黑斑病

[诊断]

黑斑病菌害叶片，叶斑圆形或近圆。
病斑颜色褐色显，同心轮纹微出现。
叶上散生数病斑，并生细微黑霉点。

[防治]

诊断准确选农药，病初喷洒异菌脲。
霜脲锰锌百菌清，间隔十天三遍用。

防治菜豆黑斑病使用药剂

通用名称	剂 型	使用方法
异菌脲	50% 可湿性粉剂	1000 倍液喷雾
霜脲·锰锌	72% 可湿性粉剂	600 倍液喷雾
百菌清	75% 可湿性粉剂	600 倍液喷雾

菜豆白粉病

[诊断]

白粉主要害叶片，也可侵染荚茎蔓。
叶片染病叶面观，稀薄粉斑覆上边。
斑沿叶脉而发展，全叶白粉都布满。

[防治]

抗病品种仔细选，清除残体洁田园。
病初喷洒特富灵，武夷霉素好效应。
仙生湿粉防效显，轮换使用喷三遍。

防治菜豆白粉病使用药剂

通用名称（商品名称）	剂 型	使 用 方 法
武夷霉素	2% 水剂	200 倍液喷雾
氟菌唑（特富灵）	30% 可湿性粉剂	2000 倍液喷雾
腈菌唑·锰锌（仙生）	62.5% 可湿性粉剂	600 倍液喷雾

注：发病初期喷洒上述杀菌剂，隔 10 天 1 次，共 3~4 次。

豇豆疫病

[诊断]

豆荚叶片或茎蔓，全部都能把病感。
茎蔓染病节部看，近地之处最明显。
初呈水渍暗色斑，后绕茎蔓而扩展。
茎蔓缢缩褐色暗，病部以上茎叶蔫。
湿大皮层全腐烂，白色霉层产表面。
叶片染病水渍现，斑色暗绿缘不显。

扩大之后成近圆，或者不规淡褐斑。
稀疏白霉表面产，果荚染病变腐烂。

[防治]

因地制宜种细选，实行轮作防效显。
三乙膦铝病初洒，乙锰湿粉把菌杀。
甲霜铜粉杀毒矾，间隔十天喷三遍。

防治豇豆疫病使用药剂

通用名称（商品名称）	剂型	使用方法
氢氧化铜（杀毒矾）	64% 可湿性粉剂	500 倍液喷雾
三乙膦酸铝	40% 可湿性粉剂	200 倍液喷雾
乙·锰	70% 可湿性粉剂	500 倍液喷雾
甲霜铜	50% 可湿性粉剂	800 倍液喷雾

注：发病初期喷洒上述杀菌剂，隔 10 天 1 次，共 2~3 次。

豇豆红斑病（叶斑病）

[诊断]

红斑病害特症显，一般老叶发病先。
病斑多角叶脉限，颜色紫红是特点。
发病后期色稍变，病斑中间变灰暗。
高温高湿多流行，反季栽培重发病。

[防治]

温汤浸种要记牢，残枝病叶清除掉。
化学防治不可少，病初及时喷农药。

铜高尚或扑霉灵，科博湿粉百菌清。
间隔十天保安全，连续喷洒二三遍。

防治豇豆红斑病（叶斑病）使用药剂

通用名称（商品名称）	剂型	使用方法
碱式硫酸铜（铜高尚）	27% 悬浮剂	600 倍液喷雾
咪鲜胺（扑霉灵）	25% 水乳剂	1000 倍液喷雾
波·锰锌（科博）	78% 可湿性粉剂	500 倍液喷雾

豇豆红斑病（叶斑病）

豇豆斑枯病

[诊断]

斑枯主要害叶片，不规或者多角斑。
初呈暗绿紫红转，中部灰白至白显。
数斑融合大斑产，导致叶片早枯变。
后期病斑正反看，出现针尖小黑点。

[防治]

收集病残要毁烧，百菌清粉喷洒早。
甲托湿粉多硫悬，科博湿粉防效显。
药液用时互轮换，间隔十天防三遍。

豇豆斑枯病

防治豇豆斑枯病使用药剂

通用名称（商品名称）	剂 型	使 用 方 法
百菌清	75% 可湿性粉剂	1000 倍液喷雾
甲基硫菌灵（甲基托布津）	50% 可湿性粉剂	800 倍液喷雾
多·硫	40% 悬浮剂	800 倍液喷雾
波·锰锌（科博）	78% 可湿性粉剂	600 倍液喷雾

注：发病初期均匀喷洒上述杀菌剂，隔 10 天 1 次，共 2~3 次。

菜用大豆霜霉病

[诊断]

菜用大豆霜霉病，叶片侵染易流行。
叶面染病失绿斑，逐渐斑色灰褐显。
病斑圆或呈近圆，湿时叶背霉层产。
灰色霉层病初现，随后霉层灰褐变。

[防治]

清理病残洁田园，轮作倒茬土深翻。
无病田间把种选，抗病品种最关键。
病初预防选准药，科博湿粉效果好。
霜脲锰锌普力克，相互轮换七天隔。

防治菜用大豆霜霉病使用药剂

通用名称（商品名称）	剂 型	使 用 方 法
波·锰锌（科博）	78% 可湿性粉剂	600 倍液喷雾
霜脲锰锌	72% 可湿性粉剂	600 倍液喷雾
霜霉威（普力克）	72.2% 水剂	600~800 倍液喷雾

十、白菜类蔬菜病害诊断与防治

白菜类霜霉病

[诊断]

整个生育均感染，真叶子叶受害全。
真叶发病叶背面，初生水浸淡黄斑。
黄色周围不明显，水浸病斑长时间。
形成多角形病斑，湿大露水白霉产。

[防治]

抗病品种认真选，种子消毒第一点。
甲霜灵粉把种拌，适期播种病害减。
实行轮作得二年，清除病叶土深翻。
合理密植株体健，田间管理要抓严。
适时追肥抗性增，高效液肥适时喷。
中心病株若发现，甲霜灵粉或无霜。
丙森锌粉或灭克，轮换使用十天隔。

防治白菜类霜霉病使用药剂

通用名称(商品名称)	剂 型	使 用 方 法
甲霜灵	25% 可湿性粉剂	用种子重量的 0.4% 拌种
霜脲·锰锌(无霜)	72% 可湿性粉剂	600 倍液喷雾
丙森锌	70% 可湿性粉剂	700 倍液喷雾
氟吗·锰锌(灭克)	60% 可湿性粉剂	700 ~ 800 倍液喷雾

[诊断]

该病主要害叶片，花梗种荚也易染。
叶片染病褪绿斑，初为近圆后扩展。
边缘淡绿后褐暗，病斑扩大只几天。
同心轮纹很明显，有的具有黄晕圈。
高温高湿把孔穿，发病严重合大斑。
半叶整叶枯死完，叶片由外向内干。
茎或叶柄长梭斑，暗褐条状并凹陷。
种荚病斑形近圆，中心灰色褐边缘。
湿度大时暗霉产，能与霜霉清楚辨。

[防治]

抗病品种选在前，福美双粉把种拌。
发现病株药喷洒，百菌清粉控病发。
乙膦锰锌杀毒矾，福连湿粉互轮换。
间隔七天保安全，连续喷药防三遍。

防治白菜类黑斑病使用药剂

通用名称（商品名称）	剂型	使用方法
乙膦铝锰锌	70% 粉剂	500 倍液喷雾
甲霜灵	25% 可湿性粉剂	用种子重量的 0.4% 拌种
百菌清	75% 可湿性粉剂	600 倍液喷雾
氢氧化铜（杀毒矾）	64% 可湿性粉剂	500 倍液喷雾
戊唑·多菌灵（福连）	30% 悬浮剂	1000 ~ 1200 倍液喷雾

注：每 667 米^2 喷兑好的药液 60~70 升，隔 7 天 1 次，连续防治 3~4 次。

白菜类白斑病

[诊断]

本病主要害叶片，初生灰褐斑形圆。
扩大之后色灰浅，直至白色无规斑。
污绿晕圈斑外现，湿时斑面灰霉见。
病组变薄稍透明，有的破裂或穿孔。
发病严重斑呈片，最终整叶全枯干。
病株叶片有特点，从外向内显枯干。

[防治]

抗病品种仔细选，实行轮作得三年。
增施基肥适期播，化学防治有效果。
多硫悬剂克得灵，乙铝锰锌也可行。
各类药剂互轮换，间隔十天防三遍。

防治白菜类白斑病使用药剂

通用名称（商品名称）	剂型	使用方法
多·硫	40%悬浮剂	600倍液喷雾
甲硫·霉威（克得灵）	65%可湿性粉剂	1000倍液喷雾
乙铝锰锌	70%可湿性粉剂	500倍液喷雾

注：每667米^{2}喷兑好的药液50~60升，隔15天1次，连续防治2~3次。

[诊断]

叶片花梗和种荚，全都容易把病发。
叶片染病水浸点，颜色苍白褪绿变。
扩后圆形或近圆，灰褐色斑中央陷。
状似薄纸褐边缘，发病后期灰白斑。
叶脉受害叶背看，褐色条斑略凹陷。
叶柄花梗种荚染，灰褐凹斑成长圆。
湿度大时病症显，赭红黏物病斑产。

[防治]

抗病品种要选好，多菌灵粉种毒消。
病重地区适播晚，高温多雨要避免。
田间管理要加强，合理施肥株体壮。
病初喷洒多硫悬，新植霉素效果产。
甲托湿粉百菌清，混合使用有效应。
炭疽福美防效显，间隔七天防三遍。

防治白菜类炭疽病使用药剂

通用名称（商品名称）	剂型	使用方法
多·硫	40%悬浮剂	700~800倍液喷雾
甲基硫菌灵（甲基托布津）	70%可湿性粉剂	两者各1000倍液混合喷雾
百菌清	75%可湿性粉剂	
新植霉素	72%可湿性粉剂	4000倍液喷雾
福·福·锌（炭疽福美）	80%可湿性粉剂	800倍液喷雾

白菜类灰霉病

[诊断]

主害花序和叶片，病部淡褐并稍软。
并且逐渐生腐烂，潮湿病部灰霉产。
储期菜帮主要染，由外向内来扩展。
初呈水浸软斑圆，后成大块无形斑。
湿大灰霉生病面，逐渐腐败邻株染。

[防治]

肥水管理要加强，增施机肥不偏氮。
清除残体并毁烧，发病初期应喷药。
异菌脲或农利灵，腐霉利粉有效应。
多菌灵粉疗效好，窖温零度病害少。

防治白菜类灰霉病使用药剂

通用名称（商品名称）	剂 型	使 用 方 法
腐霉利	50% 可湿性粉剂	1500~2000 倍液喷雾
异菌脲	50% 可湿性粉剂	1000~1200 倍液喷雾
乙烯菌核利（农利灵）	50% 可湿性粉剂	1000~1500 倍液喷雾
多菌灵	60% 超微粉剂	600 倍液喷雾

白菜类白粉病

[诊断]

白粉危害很全面，粉白霉物生病面。
初为近圆放射斑，最后各部都布满。
病轻病变不明显，仅仅荚果形状变。
病重叶片褪绿黄，株死种瘦价值降。

白菜类白粉病

[防治]

抗病品种仔细选，提前预防无后患。
多硫悬或三唑醇，武夷农抗一二零。
间隔七天防三遍，病害一般能避免。

防治白菜类白粉病使用药剂

通用名称（商品名称）	剂 型	使 用 方 法
三唑醇	15% 可湿性粉剂	2000~2500 倍液喷雾
多·硫	40% 悬浮剂	600 倍液喷雾
武夷菌素	2% 水剂	150~200 倍液喷雾
嘧啶核苷类抗生素（农抗 120）	2% 水剂	150 倍液喷雾

白菜类菌核病

[诊断]

重病株根茎腐烂，白色霉物生上面。
病株茎秆生凹斑，初为浅褐后白转。
皮朽腐烂乱麻散，茎腔中空菌核产。
高湿条件病多染，白棉菌体长表面。
受害轻者把根烂，发育不良产量减。
受害重者茎折断，植株全部枯死完。

[防治]

无病种子应先选，禾本作物互轮换。
合理密植土深翻，增施磷钾防效显。
腐霉利或异菌脲，农利灵粉效果好。
交替应用互轮换，间隔七天喷三遍。

白菜类菌核病

防治白菜类菌核病使用药剂

通用名称（商品名称）	剂　型	使 用 方 法
腐霉利	50% 可湿性粉剂	1500~2000 倍液喷雾
异菌脲	50% 可湿性粉剂	1000~1200 倍液喷雾
乙烯菌核利（农利灵）	50% 可湿性粉剂	1000~1500 倍液喷雾

白菜类褐腐病

[诊断]

近地叶柄病易感，生有黑褐凹陷斑。

周缘一般不明显，湿大病斑菌核现。

菌丝菌核色褐黄，形状很像蛛蛛网。

病重柄基渐腐烂，病叶发黄脱落完。

[防治]

近地茎叶及时清，苯噻氰油络氨铜。

间隔十天防三遍，防治效果较明显。

防治白菜类褐腐病使用药剂

通用名称	剂　型	使 用 方 法
络氨铜	14% 水剂	350 倍液喷雾，每 667 米 ^{2} 喷洒配兑好的药液 50 升
苯噻氰	30% 乳油	1300 倍液喷雾，每 667 米 ^{2} 喷洒配兑好的药液 50 升

白菜类根肿病

[诊断]

幼苗成株受害全，病叶凋垂色变淡。
晴天中午最明显，根部肿大瘤状产。
形状大小受影响，主根瘤物多靠上。
球形或者近球形，表面凹凸呈不平。
侧根生瘤筒形圆，须根长瘤多而串。
发病后期病症严，软腐细菌等侵染。
组织崩溃或腐烂，散发臭气株死完。

[防治]

实行轮作得三年，酸性土壤应避免。
无病床土来育苗，福尔马林土毒消。
土壤改良首当先，加强管理控病延。

防治白菜类根肿病使用药剂

通用名称	剂 型	使 用 方 法
福尔马林	40% 水剂	每米^{3}用药量为 300 毫升，稀释 100 倍喷洒

白菜类黑腐病

[诊断]

幼苗出土把病感，出土染病子叶看。
子叶多呈水浸状，根髓变黑苗死亡。
成株染病生叶斑，V 形褐斑缘内展。
病健交界不明显，随后叶肉褐枯变。
叶帮发病沿维管，向上扩展呈褐淡。
部分菜帮变腐干，导致叶片歪一边。

茎或茎基成腐烂，严重株倒或萎蔫。
根茎维管色褐现，纵切髓部中空见。
最后枯死无力挽，该病烂时不臭变。
先看后闻认真检，能与软腐清楚辨。

[防治]

无病种田种子挑，代森铵水种毒消。
DT 湿粉把种拌，苗期黑腐能减免。
栽培管理要加强，适时播种减少伤。
病初喷药用农链，青霉素剂效果显。

防治白菜类黑腐病使用药剂

通用名称（商品名称）	剂型	使用方法
琥胶肥酸铜（DT）	50% 可湿性粉剂	用种子重量的 0.4% 拌种
代森铵	45% 水剂	300 倍液浸种 15 分钟
农链霉素	72% 可湿性粉剂	4000 倍液喷雾
青霉素	72% 可湿性粉剂	4000 倍液喷雾

白菜类黑腐病

白菜类软腐病

[诊断]

莲座包心均发生，常见类型有三种。
一是外叶呈萎蔫，中午萎蔫复早晚。
一般持续好几天，外叶平贴在地面。
心部叶球露外边，根茎叶柄髓溃烂。
灰褐黏物流外面，轻碰病株倒折烂。
二是菜帮伤口染，形成水状浸润斑。

渐扩变为灰褐淡，病组呈黏滑腐软。
三是叶柄外叶缘，叶球顶端伤口染。
上述三种遇燥干，烂叶日晒全干变。
状似薄纸贴球面，病烂之处恶臭产。
这个特征是重点，能与黑腐区别辨。

[防治]

合理轮作重茬免，及时翻地残体烂。
滴灌暗灌不漫灌，重病区域良种选。
带状种植力推广，栽培管理应加强。
选好药剂把种拌，拌种灌根防效显。
细菌灵粉加瑞农，农链霉素络氨铜。
准确配兑互轮换，间隔十天喷三遍。

防治白菜类软腐病使用药剂

通用名称（商品名称）	剂 型	使 用 方 法
络氨铜	14% 水剂	400 倍液喷雾
农链霉素	72% 可湿性粉剂	4000 倍液喷雾
细菌灵	40% 粉剂	8000 倍液喷雾
春雷氢氧铜（加瑞农）	47% 可湿性粉剂	750 倍液喷雾

大白菜细菌性角斑病

[诊断]

初期叶背水浸斑，叶肉稍微呈凹陷。
不规角斑叶脉限，高湿叶背菌脓产。
干燥之时病部干，质脆开裂把孔穿。
该病主要害叶片，叶脉不易受感染。
苗期莲座和包心，外层叶片多染病。
水渍薄膜状腐烂，病叶铁锈褐枯干。
破裂脱落把孔穿，残留叶脉在一边。

[防治]

实行轮作第一点，抗病品种仔细选。
病初喷洒络氨铜，铜剂敏感要慎用。
农链霉素效果显，间隔七天防三遍。

防治大白菜细菌性角斑病使用药剂

通用名称	剂 型	使 用 方 法
络氨铜	14% 水剂	350 倍液喷雾
农链霉素	72% 可湿性粉剂	3000 倍液喷雾

大白菜干烧心病

[诊断]

球顶边缘外翻卷，叶缘逐渐黄化干。
叶呈水浸病扩展，叶片上部黄化变。
干纸叶肉多呈现，病叶主在球中间。
叶脉黄褐至褐暗，病健交界很明显。

大白菜干烧心病

[防治]

硫酸锰液认真喷，增产效果很快生。
专用药剂防治丰，喷施拌种起效应。

防治大白菜干烧心病使用药剂

通用名称	剂型	使用方法
硫酸锰	0.7%溶液	每667米^{2}每次用量50升
干烧心防治丰		每667米^{2}每次用药450克兑水50升

白菜类白锈病

[诊断]

该病主要害叶片，病初叶背生疱斑。
斑形不规白色见，有时一叶多个斑。
成熟疱斑皮裂变，白色粉末往外散。
不规病斑在叶面，斑色黄绿缘不显。
有时它菌腐上面，导致病斑黑色转。
花梗花器把病感，畸形肥大并曲弯。
肉茎乳白疱斑产，诊断此病最关键。

[防治]

非十蔬菜轮隔年，清除残体减菌源。
甲霜灵粉病初洒，甲霜铜粉把菌杀。
霜脲锰锌可轮换，间隔七天防三遍。

防治白菜类白锈病使用药剂

通用名称	剂型	使用方法
甲霜灵	25%可湿性粉剂	800倍液喷雾
甲霜铜	50%可湿性粉剂	600倍液喷雾
霜脲·锰锌	72%可湿性粉剂	600倍液喷雾

大白菜病毒病

[诊断]

白菜病毒多别名，孤丁病或抽风病。

苗期心叶失绿显，浓淡不匀花叶斑。

成叶发病皱缩变，常生褐色小斑点。

叶背主脉仔细看，褐色条斑稍凹陷。

植株矮化畸形产，不能结球或松散。

[防治]

抗病品种首当先，适期早播病害减。

五次浇水记心间，防治蚜虫最关键。

发病初期喷毒消，克毒灵剂防效好。

宁南霉素病毒散，轮换使用防二遍。

防治大白菜病毒病使用药剂

通用名称（商品名称）	剂型	使用方法
混脂酸·铜（毒消）	24% 水剂	800 倍液喷雾
菌毒·吗啉胍（克毒灵）	7.5% 水剂	500 倍液喷雾
宁南霉素	2% 可湿性粉剂	500 倍液喷雾
吗啉胍·乙酮（病毒散）	20% 可湿性粉剂	500 倍液喷雾

注：五次浇水是指浇播种水、幼苗出土水、苗后苗齐水、4～5片真叶水和8片真叶后浇水。

十一、甘蓝类蔬菜病害诊断与防治

甘蓝类黑腐病

[诊断]

叶球球茎和叶片，感染黑腐受害全。
幼苗染病子叶上，初呈水浸黑枯状。
成株发病老叶先，菌从水孔来侵染。
叶缘发病V字斑，病斑常常色褐淡。
边缘具有黄晕圈，病斑两侧向内展。
周围叶肉黄枯完，病菌入茎进维管。
球茎叶脉均蔓延，引起整株都萎蔫。
剖开球茎维管检，全部变黑或腐烂。
干燥球茎黑腐干，能与软腐区别辨。
花椰菜花病若感，叶缘内扩V枯斑。
病沿叶脉下扩展，黄褐大斑病部显。
边缘组织色黄淡，该病流行危害严。
甘蓝花椰受害全，全叶枯或局部烂。
天气干燥受害重，病斑干枯或穿孔。

[防治]

非十作物轮三年，无病种子仔细选。
加强栽管适蹲苗，避免过旱和过涝。
发病初期病苗拔，络氨铜剂细喷洒。
氢氧化铜或农链，间隔七天防三遍。

甘蓝类黑腐病

防治甘蓝类黑腐病使用药剂

通用名称（商品名称）	剂 型	使 用 方 法
络氨铜	14% 水剂	350 倍液喷雾
农链霉素	72% 可湿性粉剂	3000 倍液
氢氧化铜	77% 可湿性粉剂	500 倍液喷雾

注：发病初期喷洒上述杀菌剂，隔 7 天 1 次，共 2~3 次。

甘蓝类软腐病

[诊断]

结球时期病常见，外叶球基水浸斑。
外层包叶中午蔫，早晚恢复有数天。
逐渐发展不复原，叶球外露基腐烂。
叶病茎基呈灰褐，严重溃烂全株倒。
病部恶臭味扩散，区别黑腐是特点。

[防治]

防治方法较简单，白菜软腐可参见。

甘蓝类病毒病

[诊断]

苗期染病褪绿斑，浓淡相间绿色斑。
成株染病嫩叶看，不均斑驳显叶面。
老叶背面黑坏斑，结球较晚且松散。

[防治]

抗病品种首当先，防治方法白菜见。

甘蓝类黑斑病

[诊断]

主害叶柄和叶片，花梗种荚也易染。

病初外叶小黑点，温高速扩灰斑圆。

叶上斑多汇大斑，导致叶片黄枯变。

茎和叶柄若染病，斑生黑霉纵条形。

花梗种荚斑黑褐，长梭形状结实少。

[防治]

温水浸种后晾干，增施农肥抗性产。

及时用药控病延，百菌清粉克菌丹。

异菌脲或速克灵，轮换使用好效应。

防治甘蓝类黑斑病使用药剂

通用名称（商品名称）	剂 型	使 用 方 法
腐霉利（速克灵）	50% 可湿性粉剂	1500~2000 倍液喷雾
百菌清	50% 可湿性粉剂	800 倍液喷雾
异菌脲	50% 可湿性粉剂	1000~1200 倍液喷雾
克菌丹	40% 可湿性粉剂	400 倍液喷雾

注：发病前喷洒上述杀菌剂，隔 7 天 1 次，共 2~3 次。

甘蓝类根朽病

[诊断]

任何部位病可感，苗期发病茎叶片。

黑斑圆形或椭圆，其上散生小黑点。

茎上长斑微凹陷，边缘紫色苗枯完。

病轻茎斑向下延，根部呈显黑条斑。

严重根部腐朽全，地上部分渐萎蔫。
成株发病老叶看，病斑无规或形圆。
中央灰白缘褐淡，许多黑点生上边。
茎上病斑苗期像，病处折断先死亡。

[防治]

无病株上把种选，温水浸种放在前。
非十蔬菜轮二年，地下害虫认真防。
苗床消毒要加强，五氯硝苯福美双。
多福粉剂病初喷，多硫悬液百菌清。
间隔七天互轮换，连续防治二三遍。

甘蓝类根朽病

防治甘蓝类根朽病使用药剂

通用名称	剂 型	使 用 方 法
多·福	60% 可湿性粉剂	500 倍液喷雾
百菌清	75% 可湿性粉剂	600 倍液喷雾
五氯硝基苯	40% 粉剂	0.7 千克 /667 米 ^{2} 与 15 千克细土混匀，撒于行间
多·硫	40% 悬浮剂	800 倍液喷雾
福美双	70% 可湿性粉剂	800~1000 倍液喷淋苗床

甘蓝类霜霉病

[诊断]

该病主要害叶片，病斑初为绿色淡。
渐为黄褐黄色变，病斑因受叶脉限。
多角或者无规斑，湿大叶片正反观。
稀疏白霉长上边，病重病斑成片连。

甘蓝类霜霉病

花椰菜花病若染，病叶出现黄病斑。
边缘一般不明显，病斑多角不规范。
病斑紫褐稍凹陷，稀疏白霉也可见。

[防治]

牢记症状防不难，具体方法白菜看。

甘蓝类菌核病

[诊断]

主害叶球基叶片，初呈水渍不规斑。
边缘不显褐色淡，最后病组成腐软。
灰白菌丝上面产，黑色鼠粪菌核见。
茎基病斑绕茎转，一圈之后株枯全。
花梗染病湿腐状，种子瘦瘪难看样。
菌丝菌核生里边，病荚早熟炸裂变。

[防治]

高畦栽培土深翻，合理施肥不偏氮。
地菌净粉细土拌，均匀撒施在行间。
异菌脲或速克灵，立枯磷油农利灵。
以上药剂互轮换，间隔十天防三遍。

防治甘蓝类菌核病使用药剂

通用名称（商品名称）	剂 型	使用方法
腐霉利（速克灵）	50% 可湿性粉剂	1500~2000 倍液喷雾
异菌脲	50% 可湿性粉剂	1000~1200 倍液喷雾
菌核净	40% 可湿性粉剂	500 倍液喷雾
甲基立枯磷	25% 乳油	900~1000 倍液喷雾
乙烯菌核利（农利灵）	50% 可湿性粉剂	1000 ~ 1500 倍液喷雾

甘蓝类黑霉病

[诊断]

苗期染病水浸烂，灰色霉层生上边。
成株染病仔细检，近地叶片病发先。
水浸湿大速扩展，病株茎基腐烂完。
导致上部茎叶蔫，外叶向内再扩展。
结球叶片变腐烂，黑色菌核上边产。
储期如若把病感，水浸腐软灰霉现。

[防治]

栽培管理要加强，地下害虫及时防。
适时播种适蹲苗，避免过旱和过涝。
发病初期病株拔，成株发病药喷洒。
琥乙膦铝络氨铜，氢氧化铜好作用。
农链霉素防效显，间隔七天防二遍。

防治甘蓝类黑霉病使用药剂

通用名称	剂型	使用方法
琥乙膦铝	60% 可湿性粉剂	500 倍液喷雾
络氨铜	14% 水剂	300 倍液喷雾
农链霉素	72% 可湿性粉剂	3000 倍液喷雾
氢氧化铜	77% 可湿性粉剂	800 倍液喷雾

注：发病前喷洒上述杀菌剂，隔 10 天 1 次，共 2~3 次。

结球甘蓝生理裂球

[诊断]

结球成熟采收迟，前期干旱后期湿。
品种特性有原因，包球过紧易发生。
早熟品种多常见，结球时期浇水晚。

[防治]

抗裂品种要先选，采收上市莫迟缓。
均匀浇水要计算，前干后湿要避免。

甘蓝细菌性黑斑病

[诊断]

茎叶花梗均可染，病初叶背小斑显。
气孔位置斑多产，融合扩展坏死斑。
雨后多湿快扩展，影响结实产量减。

[防治]

病残落叶要埋深，DT 湿粉把种拌。
发病初期喷农药，加瑞农粉或世高。

防治甘蓝类细菌性黑斑病使用药剂

通用名称(商品名称)	剂型	使用方法
琥胶肥酸铜(DT)	50% 可湿性粉剂	0.4% 药液拌种
春雷氰氧铜(加瑞农)	47% 可湿性粉剂	700 倍液喷雾
恶醚唑(世高)	10% 水剂	2000 倍液喷雾

十二、葱蒜类蔬菜病害诊断与防治

大葱霜霉病

[诊断]

本病主害叶花梗，鳞茎也可危害生。
叶和花梗若发病，淡黄斑点椭圆形。
扩展卵圆黄条斑，边缘一般不明显。
湿时病部白霉产，后期变为紫灰淡。

[防治]

栽培管理应加强，合理施肥株体壮。
小水勤浇不漫灌，增加中耕湿度减。
病初喷药不可少，七天一遍应记牢。
恶霜锰锌安泰生，甲霜锰锌或乙锰。
霜霉威粉防效显，以上药剂互轮换。

防治大葱霜霉病使用药剂

通用名称（商品名称）	剂 型	使 用 方 法
甲霜灵·锰锌	58% 可湿性粉剂	600~800 倍液喷雾
丙森锌（安泰生）	70% 可湿性粉剂	600 倍液喷雾
恶霜·锰锌	64% 可湿性粉剂	800 倍液喷雾
霜霉威	72.2% 水剂	600~800 倍液喷雾
乙铝·锰锌	75% 可湿性粉剂	600~800 倍液喷雾

洋葱炭疽病

[诊断]

叶花鳞茎受害全，叶片发病纺锤斑。
淡灰褐至灰褐变，上生许多小黑点。
鳞茎发病看鳞片，外侧鳞片绿色暗。
或者出现黑色斑，黑斑圆形扩连片。
病斑散生黑小点，严重入茎引腐烂。

[防治]

抗病品种认真选，红皮洋葱首当先。
清除残体洁田园，非葱作物轮三年。
炭疽福美病初喷，百菌清粉控病生。
甲托湿粉把病防，七天一次效果强。

防治洋葱炭疽病使用药剂

通用名称（商品名称）	剂型	使用方法
福·福锌（炭疽福美）	50% 粉剂	500 倍液喷雾
百菌清	75% 可湿性粉剂	1000 倍液喷雾
甲基硫菌灵（甲基托布津）	50% 可湿性粉剂	600 倍液喷雾

大葱紫斑病

[诊断]

叶和花梗受害时，叶尖梗中始发病。
初呈水渍白小点，后变淡褐凹陷斑。
形似纺锤或呈圆，继续扩大紫色暗。
湿大病部多霉粉，霉粉黑灰或褐深。

同心轮纹常出现，病斑继续再扩展。
多个交接长大斑，叶片花梗死或断。

[防治]

田间管理要加强，增施磷钾株体壮。
非葱作物轮三年，无病种子仔细选。
种子消毒用甲醛，温水浸种病原减。
清除残体洁田园，病初喷洒杀毒矾。
多抗霉素百菌清，轮换使用好效应。

大葱紫斑病

防治大葱紫斑病使用药剂

通用名称（商品名称）	剂型	使用方法
氢氧化铜（杀毒矾）	64% 可湿性粉剂	800 倍液喷雾
百菌清	75% 可湿性粉剂	1000 倍液喷雾
多抗霉素	1% 水剂	100~200 倍液均匀喷雾

大葱叶枯病

[诊断]

主害花梗和叶片，初斑白色小圆点。
扩展无形或椭圆，大小差异很明显。
颜色灰白或灰褐，其上生出黑霉物。
严重病叶枯死完，花梗易从病部断。
最后病部症状产，许多黑粒长上边。

[防治]

田间管理应加强，适时追肥株体壮。

清除残体洁田园，药剂防治是重点。
络氨铜剂代森锌，百菌清或扑海因。
以上药剂互轮换，间隔七天防三遍。

防治大葱叶枯病使用药剂

通用名称（商品名称）	剂型	使用方法
百菌清	75% 可湿性粉剂	1000 倍液喷雾
络氨铜	14% 水剂	350 倍液喷雾
代森锌	65% 可湿性粉剂	500~700 倍液喷雾
异菌脲（扑海因）	50% 可湿性粉剂	1000~1500 倍液喷雾

大葱、洋葱病毒病

[诊断]

花叶病发症状产，幼叶条纹全出现。
条纹褪绿深或浅，老叶褪绿斑形圆。
黄矮病发病症显，叶片扭曲呈细变。
凹凸不平是叶面，黄绿斑驳上面产。
叶片下垂色变黄，蜡质减少不生长。

[防治]

无毒鳞茎或葱秧，传毒蚜虫要先防。
栽培管理要加强，适时追肥株体壮。
大民先锋喷叶面，清除病株防病传。
病初喷洒植病灵，混脂酸铜有效应。
克毒灵水要喷到，十天一次效果好。

大葱、洋葱病毒病

防治大葱、洋葱病毒病使用药剂

通用名称	剂 型	使 用 方 法
混脂酸铜	24% 水乳剂	600 倍液喷雾
菌毒·吗啉胍（克毒灵）	7.5% 水剂	500 倍液喷雾
植病灵	1.5% 乳剂	600~800 倍液在病初喷雾

注：大民先锋高效液肥，每袋 15 毫升兑水 30 千克。

大葱、洋葱锈病

[诊断]

根茎花梗和叶片，全部都能把病染。
病初表皮生疱斑，橙黄稍隆形椭圆。
表皮破裂向外翻，橙黄粉末往出散。
秋后疱斑黑褐变，破裂粉末褐色暗。

[防治]

施足机肥增磷钾，萎锈灵油病初洒。
代森锰锌丙环唑，三唑铜粉好效果。
药液浓度掌握好，十天一次安全保。

防治大葱、洋葱锈病使用药剂

通用名称（商品名称）	剂 型	使 用 方 法
萎锈灵	50% 乳油	700~800 倍液喷雾
代森锰锌	70% 可湿性粉剂	1000 倍液喷雾
丙环唑	25% 乳油	4000 倍液喷雾
三唑醇	15% 可湿性粉剂	1500~2000 倍液喷雾

[诊断]

田间鳞茎正膨大，外叶下部多病发。
一半透明灰白斑，叶鞘基部腐败软。
导致外叶倒一边，病斑向下再扩展。
鳞茎染病水浸现，最后内部始腐烂。
恶臭气味来相伴，这个特征记心间。

[防治]

中性土壤育壮苗，勤于中耕水浅浇。
合理施肥氮适量，葱蛾地蛆及时防。
DT 湿粉病初洒，氢氧化铜把菌杀。
络氨铜水和农链，新植霉素效果显。
以上药剂用轮换，间隔十天防三遍。

防治大葱、洋葱软腐病使用药剂

通用名称(商品名称)	剂型	使用方法
琥胶肥酸铜(DT)	50% 可湿性粉剂	500 倍液喷雾
氢氧化铜	77% 微粉	500 倍液喷雾
络氨铜	14% 水剂	300 倍液喷雾
新植霉素	72% 可湿性粉剂	4000~5000 倍液喷雾
农链霉素		

大蒜紫斑病

[诊断]

大田只害薹叶片，储期鳞茎受侵染。
北方生长后期染，田间发病始叶尖。
或者花梗中部间，几天之后下部延。
初呈稍凹白小点，中央微紫能分辨。
扩后黄褐纺缍斑，或者病斑呈椭圆。
黑色霉物病部产，同心轮纹很明显。
储期染病鳞茎现，颈部深黄褐腐软。

[防治]

防治此病选准药，大葱紫斑做参照。

大蒜叶枯病

[诊断]

叶片染病始叶尖，初呈花白小圆点。
扩后不规或椭圆，灰白灰褐病斑显。
黑色霉物生上边，严重病叶枯死完。
花梗染病病处断，黑色粒点病部散。
此病如若危害严，株不抽薹产量减。

[防治]

及时清除梗叶片，田间管理要加强。
合理密植排水渍，氢氧化铜扑海因。
百菌清粉络氨铜，琥乙膦铝好作用。

大蒜叶枯病

防治大蒜叶枯病使用药剂

通用名称（商品名称）	剂 型	使 用 方 法
百菌清	75% 粉剂	1000 倍液喷雾
络氨铜	14% 水剂	350 倍液喷雾
氢氧化铜	64% 可湿性粉剂	500 倍液喷雾
异菌脲（扑海因）	50% 可湿性粉剂	1000~1500 倍液喷雾
琥乙膦铝	60% 可湿性粉剂	500 倍喷雾

大蒜灰叶斑病

[诊断]

该病主要害叶片，病斑形状长椭圆。
最初色泽呈褐淡，后来发生灰白变。
叶片两面病斑看，微细灰黑霉物产。
严重病斑汇合连，导致叶片局枯干。

[防治]

病株残体清除早，集中深埋或毁烧。
田间管理要加强，配方施肥多提倡。
松脂酸铜或王铜，甲霜灵粉加瑞农。

防治大蒜灰叶斑病使用药剂

通用名称（商品名称）	剂 型	使 用 方 法
王铜	70% 可湿性粉剂	800~100 倍液喷雾，于发病前或发病初开始喷药，10 天 1 次，连喷 2 ~ 3 次
松脂酸铜（绿乳铜）	12% 乳油	500 倍液喷雾
春雷氰氧铜（加瑞农）	47% 可湿性粉剂	600~700 倍液喷雾
甲霜灵 · 锰锌	60% 可湿性粉剂	500~600 倍液喷雾

大蒜锈病

［诊断］

假茎叶片主侵染，病初梭形褪绿斑。
随后表皮下面观，圆或椭圆稍凸斑。
病斑四周黄晕圈，继续发展布叶面。
枯黄病斑连成片，植株提前枯死完。

［防治］

抗病品种认真选，葱蒜混种要避免。
清除残体洁田园，减少最初侵染源。
合理施肥适播晚，小水勤浇不漫灌。
多雨季节勤查看，发病中心及时检。
提前预防药喷洒，三唑醇粉把菌杀。
丙环唑油敌锈钠，代森锰锌控病发。
各种药剂用轮换，间隔十天防二遍。

防治大蒜锈病使用药剂

通用名称	剂 型	使 用 方 法
三唑醇	15% 可湿性粉剂	1500 倍液喷雾
敌锈钠	97% 可湿性粉剂	300 倍液喷雾
丙环唑	25% 乳油	3000 倍液喷雾
代森锰锌	70% 可湿性粉剂	1000 倍液喷雾

大蒜煤斑病

[诊断]

该病主要害叶片，初生苍白色小点。
逐渐扩大斑梭形，长病斑与叶脉平。
中央枯黄红褐边，外围一般黄色显。
叶片两端速扩展，导致叶尖扭枯变。
湿大多呈绒毛状，干燥之时呈粉样。
病重一叶多个斑，导致全株枯死完。
橄榄绒毛病斑产，能与叶枯细分辨。

[防治]

抗病良种选在先，适时播种是关键。
科学施肥株体壮，田间管理要加强。
清除残体减菌源，及时喷药保稳产。
代森锰锌和农链，间隔七天喷二遍。

防治大蒜煤斑病使用药剂

通用名称	剂 型	使 用 方 法
代森锰锌	70% 可湿性粉剂	1000 倍液喷雾
农链霉素	72% 可湿性粉剂	3000 倍液喷雾

大蒜花叶病

[诊断]

发病初期叶脉观，出现断续黄条点。
黄绿相间条纹连，植株矮化很难看。
个别心叶邻叶连，叶呈卷曲畸形产。
长期不能全伸展，导致叶片扭曲变。
病株鳞茎个变小，蒜瓣须根量减少。
严重蒜瓣僵硬坚，储藏期间尤明显。

大蒜花叶病

[防治]

严格选种是关键，鳞茎带毒应少减。
茎尖组织要培养，脱毒鳞茎种提倡。
葱属作物连作免，减少自然传播源。
防治蚜虫首当先，防止病毒重复染。
加强肥水免衰早，植株抗性能提高。
植病灵剂病初洒，宁南霉素控病发。
混脂酸铜应喷到，还有抗毒剂一号。
间隔十天保安全，连续防治需二遍。

防治大蒜花叶病使用药剂

通用名称（商品名称）	剂 型	使 用 方 法
植病灵	1.5% 乳剂	1000 倍液喷雾
宁南霉素	2% 水剂	500 ~ 600 倍液喷雾
混脂酸铜	24% 水乳剂	600 倍液喷雾
菇类蛋白多糖（抗毒剂 1 号）	0.5% 水剂	250 倍液喷雾或灌根，每株灌兑好的药液 50~100 毫升

大蒜干腐病

[诊断]

整个生育都发病，储运期间最严重。
根部鳞茎主侵染，从根开始茎蔓延。
根部茎基都腐烂，病斑发展很缓慢。
地上部分把病感，叶尖开始叶枯现。
储运期间病症产，根部发病茎蔓延。
导致蒜瓣腐烂干，红橙霉物长病面。

[防治]

无病蒜种要先选，精心管理株体健。
其他作物轮三年，药剂防治效果显。
黄萎植株若发现，及时治疗把根灌。
甲基托布多菌灵，百菌清粉有效应。

防治大蒜干腐病使用药剂

通用名称（商品名称）	剂 型	使 用 方 法
百菌清	75%可湿性粉剂	1000倍液喷雾或灌根
甲基硫菌灵（甲基托布）	50%可湿性粉剂	400倍液灌根
多菌灵	50%可湿性粉剂	600倍液喷雾或灌根

[诊断]

韭菜干尖多症状，有的叶片弱慢长。
有的叶尖枯褐变，有的叶尖白色现。
防治要把原因看，土壤酸性是一面。
有毒气体也有关，高温危害也出现。
微量元素余和欠，以上均能引干尖。

[防治]

根据症状细诊断，发病原因查找全。
土壤酸碱调节好，放风降温水适浇。
棚室不把石灰撒，氨气危害能避免。
增施氮肥防叶烧，含锰农药用量少。

韭菜叶枯、死株病

[诊断]

棚室韭菜症状显，整株死亡叶枯完。
引发成因有两点，韭根生蛆和根烂。

[防治]

熟肥施用不过量，棚室换气把风放。
韭蛆危害病严重，敌敌畏或敌百虫。
结合晾晒药根灌，病害一般能避免。

防治韭菜叶枯、死株病使用药剂

通用名称	剂型	使用方法
敌敌畏	80% 乳油	1500 倍液喷雾或灌根
敌百虫	2.5% 粉剂	1.5~2 千克 /667 米^2 喷粉

韭菜疫病

[诊断]

假茎鳞茎病易感，叶片花苔病也染。
中下部位开始先，初呈水浸色绿暗。
有时扩展到一半，失水缢缩很明显。
叶苔下垂均腐烂，湿度大时白霉产。
假茎受害褐腐状，湿度过大白霉长。
鳞茎受害腐烂褐，新叶纤细根毛少。

[防治]

及时排水增光照，栽培管理保证好。
轮作倒茬应记牢，药剂防治要跟到。
乙膦铝或甲霜铜，甲霜锰锌好作用。
以上药剂用轮换，间隔十天保安全。

非菜疫病

防治韭菜疫病使用药剂

通用名称	剂 型	使 用 方 法
乙膦铝	40% 可湿性粉剂	300 倍液喷雾或灌根，每株灌药液 125 克
甲霜铜	50% 可湿性粉剂	600 倍液喷雾
甲霜灵 · 锰锌	58% 可湿性粉剂	400 倍液喷雾

韭菜灰霉病

[诊断]

灰霉主要害叶片，干尖湿腐和白点。
白点干尖生小斑，顺着叶尖下发展。
病斑梭形或椭圆，枯焦全叶或半叶。
遇湿灰霉长表面，湿腐型无小白点。
灰绿绒毛病斑显，土霉味道来相伴。
干尖割茬向下烂，初呈水浸绿色淡。
褐色轮纹显病斑，病斑扩散呈半圆。
湿时灰绿绒毛霉，天阴无光须注意。

[防治]

抗病品种应先选，通风透光理当先。
温度控制做到严，清洁棚室病害减。
栽培管理要加强，培育壮苗茬口养。
培土之前把药喷，多菌灵或扑海因。
农利灵粉施佳乐，轮换使用好效果。
喷药重在新生叶，连喷二次病菌灭。

韭菜灰霉病

防治韭菜灰霉病使用药剂

通用名称（商品名称）	剂 型	使 用 方 法
乙烯菌核利（农利灵）	50% 可湿性粉剂	1000~1500 倍液喷雾
多菌灵	80% 可湿性粉剂	800 倍液喷雾
嘧霉胺（施佳乐）	40% 可湿性粉剂	800 ~ 1200 倍液喷雾

十三、根菜类蔬菜病害诊断与防治

萝卜霜霉病

[诊断]

苗期采种均感染，从下向上来扩展。
叶面初现褪绿斑，病斑形状不规范。
扩展多角黄褐现，湿度大时白霉产。
长在叶背或两面，严重斑连叶枯干。
茎部若把病感染，不规黑褐形斑点。
种株染病种荚看，褐淡病斑白霉显。

[防治]

抗病品种应选好，鲁卜 1 号抗性高。
适期播种不宜早，必要之时应喷药。
霜霉威水杀毒矾，百菌清粉和农链。

萝卜霜霉病

防治萝卜霜霉病使用药剂

通用名称（商品名称）	剂型	使用方法
霜霉威	72.2% 水剂	600~800 倍液喷雾
百菌清	75% 可湿性粉剂	1000 倍液喷雾
氢氧化铜（杀毒矾）	64% 可湿性粉剂	500 倍液喷雾
农链霉素	72% 可湿性粉剂	3000 倍液喷雾

萝卜炭疽病

[诊断]

叶荚之上生病斑，初呈针尖水渍点。
随后扩大褐小斑，多个小斑一起连。
不规深褐大斑产，严重叶斑裂或穿。
茎或荚斑梭或圆，病斑形态稍凹陷。
湿度大时症状显，病部黏物色红淡。

[防治]

种子首先把毒消，适期早播应记牢。
多硫悬或苯菌灵，武夷菌素托布津。
以上药剂用轮换，间隔七天防三遍。

防治萝卜炭疽病使用药剂

通用名称（商品名称）	剂型	使用方法
苯菌灵	25% 可湿性粉剂	500 倍液喷雾
多·硫	50% 悬浮剂	600~700 倍液喷雾
武夷菌素	2% 水剂	150~200 倍液喷雾
甲基硫菌灵（甲基托布津）	70% 可湿性粉剂	800 倍液喷雾

萝卜黑腐病

[诊断]

叶片染病叶缘看，叶缘出现V形斑。
叶脉变黑黄叶缘，后来扩至整叶片。
根部染病黑导管，内部组织变腐干。
髓部多成黑腐状，最后变成空洞样。
田间发病软腐伴，导致最后变腐烂。

[防治]

实行轮作把茬倒，配方施肥技术好。
适时播种不宜早，耐病品种抗性高。
种子土壤把毒消，苗期小水应勤浇。
发病初期药喷洒，农链霉素控病发。
武夷霉素咪鲜胺，七天一次互轮换。

防治萝卜炭疽病使用药剂

通用名称	剂 型	使 用 方 法
农链霉素	72% 粉剂	3000 倍液喷雾
武夷霉素	2% 水剂	150 倍液喷雾
咪鲜胺	25% 可湿性粉剂	800 倍液喷雾

萝卜软腐病

[诊断]

根茎叶柄和叶片，全部都能把病感。
根部染病始根尖，褐色水浸状腐软。
最后逐渐向上延，心部软腐烂一团。
恶臭气味很明显，区别黑腐是特点。
叶柄叶片把病染，亦生水渍腐软变。
遇到干旱停扩展，根肩簇生新叶片。

[防治]

无病地块育苗秧，垄作栽植应提倡。

萝卜软腐病

非十字科轮三年，丰灵药剂把种拌。
农链霉素病初洒，咪鲜胺粉把菌杀。

防治萝卜软腐病使用药剂

通用名称	剂 型	使 用 方 法
农链霉素	72% 可湿性粉剂	3000 倍液喷雾
咪鲜胺	25% 可湿性粉剂	1000 倍液

萝卜黑斑病

[诊断]

主害肉根和叶片，叶柄和茎也难免。
叶片染病斑褐暗，严重致叶枯死完。
叶柄长条状病斑，茎斑梭形或条状。
病斑边缘不明显，湿大黑霉生表面。
肉根染病根头看，黑斑不规或形圆。
并且稍微呈凹陷，严重深达根腐烂。

[防治]

种子消毒放在前，百菌清粉把种拌。
无病株上采种好，单收单藏应做到。
实行轮作二三年，增施底肥生长健。
病初喷洒百菌清，异菌脲粉有效应。
波锰锌粉克菌丹，交替使用防三遍。

防治萝卜黑斑病使用药剂

通用名称	剂 型	使 用 方 法
异菌脲	50% 可湿性粉剂	1000 倍液
百菌清	75% 可湿性粉剂	1000 倍液喷雾
克菌丹	50% 可湿性粉剂	600 ~ 800 倍液喷雾，连续防治效果明显
波·锰锌	78% 可湿性粉剂	600 倍液喷雾

萝卜白锈病

[诊断]

受害常见叶两面，叶片两面淡黄斑。
白色稍隆小疱产，熟后表皮破裂变。
白色粉物往外散，病斑多时枯黄显。
种株花梗把病感，花轴肿大畸形产。

[防治]

非十字科轮隔年，清除病残减菌源。
病初喷洒甲霜灵，甲霜锰锌好效应。
恶霜锰锌甲霜铜，间隔七天好作用。

防治萝卜白锈病使用药剂

通用名称	剂 型	使 用 方 法
甲霜灵	25% 可湿性粉剂	1000 倍液喷雾
甲霜灵 · 锰锌	58% 可湿性粉剂	500 倍液喷雾
恶霜锰锌	64% 可湿性粉剂	500 倍液喷雾
甲霜铜	40% 可湿性粉剂	600 倍液喷雾

萝卜病毒病

[诊断]

花叶病毒整株染，叶片出现花叶斑。
深绿浅绿杂相间，有时发生畸形变。

[防治]

跳甲蚜虫多传染，防治害虫首当先。
抗病品种仔细选，科学栽培精细管。
病初及时喷好药，病毒必克或毒消。
宁南霉素病毒净，相互轮换三次用。

萝卜病毒病

防治萝卜病毒病使用药剂

通用名称（商品名称）	剂型	使用方法
三氮唑核苷·铜锌（病毒必克）	3.85% 乳剂	600 倍液喷雾
混脂酸·铜（毒消）	2% 乳剂	800 倍液喷雾
宁南霉素	2% 乳剂	500 倍液喷雾
盐酸吗啉胍·锌（病毒净）	20% 可溶性粉剂	800 倍液喷雾

胡萝卜黑斑病（细菌性疫病）

[诊断]

叶柄茎叶病全染，叶片染病始叶尖。
出现不规深褐斑，周围组织略褪变。
湿大黑霉病斑产，严重病斑连成片。
叶片早枯缘上卷，茎部如果把病感。
病斑形状呈长圆，色泽黑褐稍凹陷。

[防治]

施足底肥促生长，植株抗性可增强。
百菌清粉病初洒，甲霜锰锌把菌杀。
代森锰锌异菌脲，连防三遍效果好。

防治胡萝卜黑斑病（细菌性疫病）使用药剂

通用名称	剂型	使用方法
甲霜灵·锰锌	58% 可湿性粉剂	400~500 倍液喷雾
百菌清	75% 可湿性粉剂	用种子重量的 0.3% 拌种，病初用 1000 倍液喷雾
异菌脲	50% 可湿性粉剂	1500 倍液喷雾
代锌锰锌	80% 可湿性粉剂	600~650 倍液喷雾

胡萝卜黑腐病

[诊断]

苗期贮期均感染，根叶柄茎受害全。
叶片染病斑褐暗，叶柄茎上长条斑。
病斑边缘不明显，湿大黑霉生表面。
肉根染病根头观，黑斑不规或形圆。
并且稍微呈凹陷，严重扩展根黑烂。

[防治]

发现黑腐要防早，黑斑防治可参照。

胡萝卜细菌性软腐病

[诊断]

该病主害肉质根，田间贮藏均发生。
田间根部若病染，茎叶变黄呈萎蔫。
根病初染湿腐显，病斑发展肉质软。
腐烂汁液溢外面，气味发臭是特点。

[防治]

轮作倒茬首当先，高畦栽培最关键。
增施农肥要腐熟，地下害虫彻底除。
发现病株随时清，石灰水液病穴淋。
病初及时用农药，中生霉素或世高。

防治胡萝卜细菌性软腐病使用药剂

通用名称（商品名称）	剂 型	使 用 方 法
中生霉素	3% 可湿性粉剂	800 倍液喷根穴
恶醚唑（世高）	10% 水粒剂	1500 倍液喷全田

胡萝卜花叶病

[诊断]

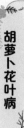

生长中期或苗期，全都能感花叶病。
植株旺盛叶感染，轻者斑驳花叶显。
重者花叶皱缩变，叶片扭曲畸形产。

[防治]

及时预防危害少，芹菜病毒可参考。

胡萝卜根腐病

[诊断]

病初地上呈萎蔫，扒开土壤肉根检。
根面产生污垢斑，水渍病斑不断展。
湿度大时霉污白，直至出现粉红霉。
肉根上部多病感，病部逐渐软腐烂。
向上扩展叶基染，地上立枯状出现。

[防治]

大棚种植病多见，高畦栽培最关键。
春季播种应提早，合理密植要间苗。
灌水根茎不能淹，减少病菌互传染。
发现病株及时拔，无害农药穴淋洒。
多霉威或广枯灵，甲基立枯苯噻氰。
科学配兑淋或灌，相互轮换效果显。

胡萝卜根腐病

防治胡萝卜根腐病使用药剂

通用名称（商品名称）	剂 型	使 用 方 法
甲基立枯磷	20% 乳油	1200 倍液喷雾
苯噻氰	30% 乳油	1200 倍液喷雾
恶霉·甲霜（广枯灵）	3% 水剂	600 倍液喷根穴
多·霉威	50% 可湿性粉剂	1000 倍液喷雾

胡萝卜白粉病

[诊断]

幼叶老叶均感染，初显霉层污白点。

下叶向上再扩展，随后扩展成大片。

[防治]

三红品种首当先，收获及时清病残。

染病初期药液喷，发病中心及时控。

多硫悬剂三唑醇，相互轮换交替用。

世高混合白菌清，科学配兑好效应。

防治胡萝卜白粉病使用药剂

通用名称（商品名称）	剂 型	使 用 方 法
多·硫	40% 悬浮剂	500 倍液喷雾
三唑醇	15% 可湿性粉剂	1500 倍液喷雾
恶醚唑（世高）	10% 水粒剂	3000 倍液世高加 500 倍液百菌清混合喷雾
百菌清	75% 可湿性粉剂	

胡萝卜生理异形根

[诊断]

异形根状有几种，弯曲分叉裂岐根。
发病原因几方面，生长过挤土层浅。
石块坚硬土质黏，根尖受阻岐根产。
肥料不当烧根尖，种子陈旧发育缓。
幼根先端生长限，分杈畸形定出现。

[防治]

高畦栽培最关键，平畦漫灌要避免。
深翻土壤精细整，黏重石砾地不种。

十四、薯芋类蔬菜病害诊断与防治

马铃薯早疫病

[诊断]

早疫主要害叶片，叶片染病黑褐斑。
状似圆形或近圆，同心轮纹能看见。
湿大病斑黑霉产，严重叶片枯落干。
块茎染病斑褐暗，并且稍微呈凹陷。
边缘能够清晰辨，皮下浅褐呈腐干。
样子十分像海绵，记住特点细诊断。

[防治]

早熟耐病品种选，适当早收病能减。
高燥田块种植好，配方施肥抗性高。

马铃薯早疫病

病前喷洒百菌清，烯酰锰锌有效应。
恶霜锰锌克菌丹，间隔七天防三遍。

防治马铃薯早疫病使用药剂

通用名称	剂 型	使 用 方 法
烯酰·锰锌	69% 可湿性粉剂	1000 倍液喷雾
百菌清	75% 可湿性粉剂	1000 倍液喷雾
恶霜·锰锌	64% 可湿性粉剂	500 倍液喷雾
克菌丹	40% 可湿性粉剂	400 倍液喷雾

马铃薯晚疫病

[诊断]

主害薯块茎叶片，叶片染病叶尖缘。
产生水浸绿褐斑，周围晕圈色绿浅。
湿大变褐速扩展，白色霉物产一圈。
尤其叶背最明显，干燥病斑褐枯干。
质脆易裂霉不见，扩展速度也减慢。
茎或叶柄把病染，褐色条斑便出现。
病重叶片萎垂卷，终致全株黑腐变。
一片枯焦在全田，腐败气味四发散。
块茎染病褐斑见，或者大斑紫褐显。
病斑稍微呈凹陷，病部皮下薯肉看。
亦呈褐色四周延，或者全都变腐烂。

[防治]

抗病品种认真选，无病种薯菌源减。
栽培管理要加强，配方施肥株体壮。

发病初期抑快净，甲霜铜粉好效应。
甲霜锰锌杀毒矾，以上药剂用轮换。

防治马铃薯晚疫病使用药剂

通用名称（商品名称）	剂 型	使 用 方 法
甲霜灵·锰锌	58% 可湿性粉剂	500 倍液喷雾
甲霜铜	40% 可湿性粉剂	600 倍液喷雾
恶霜·锰锌（杀毒矾）	64% 可湿性粉剂	500 倍液喷雾
恶铜·霜脲氰（抑快净）	52.5% 水分散粒剂	1500 倍液喷雾

马铃薯粉痂病

[诊断]

块茎根部受害严，有时茎蔓也可染。
块茎染病表皮先，针头褐斑便出现。
外有半透明晕环，小斑隆起疱斑产。
表皮尚未破裂变，称为封闭疱阶段。
后随病情而发展，疱斑皮破呈反卷。
皮下橘红组织显，褐色粉物大量散。
外有木栓化晕环，称为开放疱阶段。
根部染病有特点，根的一侧瘤物产。
瘤物大小豆粒像，单生或者聚生状。

[防治]

检疫制度要加严，病区轮作得五年。
无病种薯要选好，必要之时药用到。
福尔马林浸薯种，浸种时间五分钟。

马铃薯粉痂病

增施机肥调土壤，高畦栽培要提倡。
避免大水来浸灌，防止病菌播蔓延。

防治马铃薯粉痂病使用药剂

通用名称	剂型	使用方法
福尔马林	40% 溶液	120 倍液浸种 4 分钟

马铃薯疮痂病

[诊断]

块茎表面褐小点，扩展形成褐大斑。
形状不规或者圆，木栓细胞大量产。
导致粗糙显表面，后期中央稍陷凹。
凸呈疮痂硬块斑，病斑仅仅表皮限。
不再深入薯内边，能与粉痂清楚辨。

[防治]

无病种薯选在前，机肥绿肥控病延。
葫芦豆科轮五年，及时浇水防干旱。

马铃薯癌肿病

[诊断]

地下部分受害严，块茎匍茎受侵染。
大大小小瘤物产，表皮常常龟裂变。
癌肿前期黄白色，后期色变成黑褐。
组织松软易腐烂，恶臭味道来相伴。
窖藏期间续扩展，甚者造成窖烂完。
病薯变黑臭味显，地上株体一般健。

马铃薯癌肿病

[防治]

严格检疫是重点，抗病品种认真选。
栽培管理应加强，熟肥深施株体壮。
必要之时土毒消，施药防治应抓早。
出苗齐苗三唑酮，喷洒浇灌把病控。

防治马铃薯癌肿病使用药剂

通用名称	剂 型	使 用 方 法
三唑酮	20% 乳油	1500 倍液浇灌

马铃薯环腐病

[诊断]

本病菌源细菌性，地上染病两类型。
分为枯斑和萎蔫，枯斑基部复叶看。
复叶顶上发病先，叶缘叶脉和叶尖。
颜色均为绿色显，叶肉黄绿斑驳现。
叶尖干枯或内卷，病情向上再扩展。
萎蔫顶端复叶辨，复叶萎蔫缘内卷。
形状好像缺水旱，扩展叶片褪绿变。
内卷下垂株伏倒，最后全都枯死掉。
块茎发病看维管，环形坏死皮内现。
储藏块茎芽眼观，芽眼变黑成枯干。
或者外表爆裂穿，播后发芽很困难。
根茎维管若褐变，白色菌脓溢病蔓。

[防治]

建立无病留种田，抗病品种仔细选。

马铃薯环腐病

浸种药剂硫酸铜，严格浓度浸种薯。
中耕培土病株拔，清除病蔓控病发。

防治马铃薯环腐病使用药剂

通用名称	剂 型	使 用 方 法
硫酸铜	1% 溶液	50 毫克浸种 10 分钟

马铃薯病毒病

[诊断]

病毒类型有三种，花叶坏死卷叶型。
花叶病症在叶面，浓绿淡绿呈相间。
严重叶片皱缩变，全株矮化很明显。
坏死类型危害重，叶脉叶片和叶柄。
还有枝条和茎蔓，都可出现褐坏斑。
病斑发展条斑连，严重全叶枯死完。
卷叶类型有特点，叶沿主脉内翻转。
叶片变硬革质像，严重小叶呈筒状。

[防治]

脱毒种薯是重点，抗病耐病品种选。
出苗前后蚜虫防，栽培管理应加强。
病初喷洒毒克星，克毒灵水有效应。

防治马铃薯病毒病使用药剂

通用名称（商品名称）	剂 型	使 用 方 法
吗啉胍·乙酮（毒克星）	20% 可湿性粉剂	500 倍液喷雾
菌毒·吗啉胍（克毒灵）	7.5% 水剂	500 倍液喷雾

马铃薯青枯病

[诊断]

病株稍稍矮缩显，叶片苍白绿或浅。
下部叶片先萎蔫，最后全株下垂完。
但是早晚可复原，能够持续四五天。
全株茎叶萎蔫亡，仍持青绿保原样。
叶不凋落脉褐变，褐色条纹茎上现。
横切维管褐色见，轻的一般不明显。
切开薯块维管看，管束变褐白液产。
皮肉不从维管分，外皮龟裂已严重。
髓部溃烂状如泥，区分枯萎清楚记。

[防治]

抗病品种认真选，无病种薯株体健。
整薯播种并轮作，防治青枯好效果。

马铃薯白绢病

[诊断]

该病主要害块茎，白色菌丝薯块生。
并有圆形小菌核，形似菜籽色棕褐。
切开薯皮细观看，皮下组织呈褐变。

[防治]

防治此病办法找，番茄白绢可参照。

马铃薯立枯丝核菌病

[诊断]

幼芽茎基和块茎，全部都能染此病。
幼芽染病症状现，有的出土前腐烂。
形成芽腐能看见，造成缺苗危害产。
出土之后把病感，株下叶片发黄变。
茎基褐色凹陷斑，紫色菌丝覆斑面。

[防治]

抗病品种认真选，建立无病留种田。
播前浸种很重要，浸种药剂选择好。
广枯灵水福美双，浸种喷雾病能防。

防治马铃薯立枯丝核菌病使用药剂

通用名称（商品名称）	剂型	使用方法
恶霜·甲霜（广枯灵）	35% 可湿性粉剂	800 倍液浸种
福美双	50% 可湿性粉剂	1000 倍液浸种

十五、黄花菜病虫害诊断与防治

黄花菜锈病

[诊断]

黄花锈病有别名，群众俗称铁浆病。
南北产区都发生，危害严重产量损。
锈病主要害叶片，花苔有时也感染。

危害初期泡状斑，夏孢子堆初表现。
寄主表皮初覆满，孢子破裂褐粉散。
有时孢子合一片，促使表皮呈翻卷。
夏孢周围颜色变，失绿呈显黄色淡。
夏孢子堆多数量，整个叶片都变黄。
后期产生孢子堆，形似椭圆或不规。
冬孢颜色变成黑，紧密埋生表皮内。
此病明显有中心，一至二株始发生。
相邻植株相互传，由点到面全田染。
为害严重叶枯干，花蕾瘦小产量减。
南方早来北方晚，降雨多少很相关。
管理粗放株不壮，栽培株龄时间长。
生长变弱抗病差，诱致锈病易生发。

[防治]

及时更新老龄株，壮龄栽培增抗性。
加强管理是基础，病残落叶秋后清。
抗病品种多引进，防治病害是根本。
化学防治抓测报，降雨规律掌握牢。
病株一旦被发现，喷药控点防蔓延。
发病初期施农药，三唑醇或腈菌唑。
交替应用防效显，间隔七天喷二遍。

黄花菜锈病

防治黄花菜锈病使用药剂

通用名称	剂型	使用方法
三唑醇	15% 可湿性粉剂	1500~2000 倍液喷雾
腈菌唑	25% 乳油	4000~5000 倍液喷雾

黄花菜叶斑病

[诊断]

黄花叶斑害叶片，沿着叶脉把病染。
色泽暗绿针尖点，扩大呈现水渍斑。
受害位置有特征，色显淡黄半透明。
斑点中间色深变，深黄颜色形椭圆。
边缘水渍半透明，芝麻大小细分清。
后期病斑继续变，纵横方向再扩展。
纵比横向多快延，逐渐变成梭形斑。
外层出现黄晕圈；最后灰白现中间。
降雨过多高湿度，淡红霉层长患部。
病斑发生在叶尖，遇见雨天病蔓延。

[防治]

农肥多施养分全，植株健壮发病晚。
株龄过长应更新，新株旺盛增抗性。
发病开始喷药液，科学配兑防药害。
甲基托布多菌灵，代森锰锌百菌清。
严格浓度互轮换，间隔七天喷三遍。

黄花菜叶斑病

防治黄花菜叶斑病使用药剂

通用名称（商品名称）	剂 型	使 用 方 法
甲基硫菌灵（甲基托布津）	50% 可湿性粉剂	600 倍液喷雾
百菌清	75% 可湿性粉剂	1000 倍液喷雾
多菌灵	50% 可湿性粉剂	600 倍液喷雾
代森锰锌	70% 可湿性粉剂	800 倍液喷雾

黄花菜叶枯病

[诊断]

主要危害是叶片，发病首先在叶尖。
有时叶片上边缘，初产水渍褪绿点。
后随叶脉上下延，褪绿条斑逐渐显。
病斑若生在叶尖，叶尖首先枯死干。
后沿叶脉向下展，整叶上部都死完。
病健交界着褐色，病斑中央色深褐。
其上产生黑小点，即为叶枯病菌源。
病斑多时连大斑，最后叶片均枯全。
始枯叶片赤褐色，以后颜色变灰白。
花苔受害近地面，首先产生水渍斑。
病健交界深褐显，病斑中央小黑点。

[防治]

培育壮秧强管理，合理施肥促发育。
发病初期查叶片，剪除病叶防蔓延。

代森锰锌多菌灵，感病开始及时喷。
间隔七天喷三遍，轮换应用保长远。

防治黄花菜叶枯病使用药剂

通用名称	剂型	使用方法
代森锰锌	70% 可湿性粉剂	1000 倍液喷雾
多菌灵	50% 可湿性粉剂	600~800 倍液喷雾

黄花菜白绢（茎基腐）病

[诊断]

白绢病害主部位，地面近处叶鞘基。
整株外叶基部染，开始水渍褐色斑。
扩大稍有下凹陷，患部褐色湿腐显。
病部产生丝白绢，整个基部都蔓延。
附近土壤显病症，白绢丝状白霉层。
潮湿菜褐菌核生，以后形似油菜籽。
水分养料运输难，受害叶片枯黄变。
严重外叶向内传，最后整株枯死干。
菌核土中来越冬，基部伤口病菌入。
土壤裂缝侵邻株，病菌发育高湿度。

[防治]

调运种苗检疫严，防止种苗带病传。
菜园病株若发现，立即防止再传染。
出现病株连根铲，石灰消毒把土换。
白绢病菌菌核传，防止灌水再侵染。

黄花菜白绢（茎基腐）病

发现菌核急灭完，农药灭菌控病源。
甲基托布多菌灵，五氯硝苯三唑醇。

防治黄花菜白绢（茎基腐）病使用药剂

通用名称（商品名称）	剂 型	使 用 方 法
甲基硫菌灵（甲基托布津）	50% 可湿性粉剂	500 倍液喷雾
多菌灵	50% 可湿性粉剂	600 倍液喷雾
三唑醇	15% 可湿性粉剂	1500~2000 倍液喷雾
五氯硝基苯	40% 悬浮剂	400 倍液喷雾

黄花菜炭疽病

[诊断]

为害黄花主叶片，引起叶尖枯死干。
发病首先在叶尖，尖上部分暗绿变。
随后色显黄色暗，逐渐向下再扩展。
为害严重病斑长，最后叶片灰色样。
病健交界褐色显，病叶叶尖有时卷。
上生很多小黑点，病菌分生孢子显。
病斑有时叶中下，主脉附近上扩展。
病残附着孢子盘，遗留土壤越来年。
成为翌年初染源，温暖多雨成蔓延。

[防治]

田间病株始发现，及时喷药不拖延。
炭疽福美百菌清，咪鲜胺或炭特灵。
武夷菌素效果显，以上药剂用轮换。

黄花菜炭疽病

防治黄花菜炭疽病使用药剂

通用名称（商品名称）	剂型	使用方法
武夷菌素	2% 水剂	200 倍液喷雾
福·福·锌（炭疽福美）	80% 粉剂	800 倍液喷雾
溴菌腈（炭特灵）	25% 可湿性粉剂	500~600 倍液喷雾
咪鲜胺	25% 乳油	4000 倍液喷雾

黄花菜褐斑病

[诊断]

黄花褐斑害叶片，叶上产生水渍点。
渐变黄褐梭形斑，边缘明显褐晕圈。
病健交界有特点，水渍暗绿一圈环。
褐斑叶斑相比较，叶斑大而褐斑小。
褐斑呈现不规范，病斑有时愈合连。
叶斑后期特症产，边缘灰褐色明现。
叶斑中央呈灰白，湿度大时生红霉。
褐斑后期病症显，斑中产生小黑点。

[防治]

化学防治药剂多，代森锰锌和科博。
甲基托布多菌灵，轮换使用好效应。

黄花菜褐斑病

防治黄花菜褐斑病使用药剂

通用名称（商品名称）	剂型	使用方法
代森锰锌	70% 可湿性粉剂	1000 倍液喷雾
多菌灵	50% 可湿性粉剂	600~800 倍液喷雾
甲基硫菌灵（甲基托布津）	50% 可湿性粉剂	500 倍液喷雾
波·锰锌（科博）	70% 可湿性粉剂	1000 倍液喷雾

黄花菜黄叶病

[诊断]

叶片发病叶鞘先，叶鞘基生褐小斑。
病斑后扩且相连，鞘基红褐皱缩现。
叶尖表现绿黄变，鞘基病斑再扩展。
叶尖叶缘黄色延，最后红褐枯死完。
病叶分泌黄液黏，受害叶片较萎软。
叶鞘受害若全部，叶片枯死即倒伏。
受害一般外叶片，然后向内再扩展。
有时危害仅一边，一边并无病叶片。

[防治]

增施农肥改土壤，促进植株健壮长。
发病产区采收完，割除苔秆病叶片。
石硫合剂喷地面，消毒彻底灭菌源。
化学防治最简单，提前预防是关键。
甲基托布百菌清，多菌灵或苯菌灵。

黄花菜黄叶病

防治黄花菜黄叶病使用药剂

通用名称（商品名称）	剂 型	使 用 方 法
石硫合剂	45% 晶体	300 倍液喷雾
百菌清	75% 可湿性粉剂	800 倍液喷雾
多菌灵	50% 可湿性粉剂	600~800 倍液喷雾
甲基硫菌灵（甲基托布津）	50% 可湿性粉剂	500 倍液喷雾
苯菌灵	50% 可湿性粉剂	500 倍液喷雾

黄花菜红腐病（腐秆病、霉秆病）

[诊断]

红腐主害黄花苔，干旱年份苔基害。
苔基出现小斑点，状似水渍色褐变。
渐扩椭圆或纺锤，中间变成棕褐色。
后期病斑续扩展，病斑中央稍凹陷。
环绕花苔转一圈，花苔渐渐枯死完。
多雨年份湿度高，花苔上下病斑多。
病部密生红霉物，苔秆折断易拔除。

[防治]

合理密植通风好，减少菌源病场所。
苔肥增施钾和磷，提高花苔抗病性。
抽薹初期防蚜虫，减少伤口预防病。
病初喷洒多菌灵，代森锰锌托布津。

防治黄花菜红腐病使用药剂

通用名称（商品名称）	剂型	使用方法
代森锰锌	70% 可湿性粉剂	1000 倍液喷雾
多菌灵	50% 可湿性粉剂	600~800 倍液喷雾
甲基硫菌灵（甲基托布津）	50% 可湿性粉剂	500 倍液喷雾

黄花菜茎枯病

[诊断]

黄花花苔近地面，始产水渍小斑点。
以后病斑再扩展，形状成梭长椭圆。
灰白颜色显斑面，其上产生白小点。
严重病斑继续变，花枝基本脱落完。
仅剩一根花茎秆，白点变成黑小点。

[防治]

黄花根系向上移，追肥覆土保根系。
冬培管理应加强，促进根系生长旺。
保墒防旱植株健，提前预防药量减。
代森锰锌克菌丹，间隔十天喷三遍。

黄花菜茎枯病

防治黄花菜茎枯病使用药剂

通用名称	剂 型	使 用 方 法
代森锰锌	70% 可湿性粉剂	1000 倍液喷雾
克菌丹	50% 可湿性粉剂	600~800 倍液均匀喷雾

黄花菜病毒病

[诊断]

黄花病毒全株染，叶片深浅褪绿斑。

严重叶片黄化显，花蕾叶子扭曲变。

[防治]

发现病株及时清，脱毒育苗好途径。

百合科菜不混合，防治蚜虫要记牢。

必要之时喷农药，宁南霉素效果好。

防治黄花菜病毒病使用药剂

通用名称	剂 型	使 用 方 法
宁南霉素	2% 水剂	500 ~ 700 倍液均匀喷雾

十六、蔬菜虫害诊断与防治

瓜蚜

[危害及分布]

成蚜若蚜群集害，嫩茎叶背吸汁液。
生长失衡叶皱卷，瓜苗停长危害严。
后期受害叶枯干，产量下降瓜期短。
水分蜜露大量产，传播病毒产量减。

[防治]

安排茬口蚜害减，大豆高粱栽田边。
天敌灭蚜效果好，保护天敌要记牢。
七星瓢虫食蚜蝇，少用药液和药粉。
清除残体洁田园，集中用药避飞迁。
功夫乳油天王星，杀蚜菌素吡虫啉。
银灰地膜盖地面，避蚜防蚜效果显。
黄板诱蚜效果好，发生趋势可测报。
植物灭蚜作用大，烟草粉混石灰撒。
辣椒野蒿水浸泡，过滤之后应撒到。
桃叶一夜水中浸，适加石灰喷洒勤。
灭蚜治蚜难度高，以上方法是奇招。

瓜蚜

防治瓜蚜使用药剂

通用名称（商品名称）	剂型	使用方法
高效氯氟氰菊酯（功夫）	2.5% 乳油	2000 倍液喷雾
联苯菊酯（天王星）	2.5% 乳油	3000 倍液喷雾
杀蚜菌素	200 万菌体 / 毫升悬浮剂	1500~2000 倍液均匀喷雾
吡虫啉	10% 可湿性粉剂	2500 倍液喷雾
敌敌畏	22% 烟剂	0.5 千克 /667 米 ^{2}，分放 4~5 堆，点燃后密闭 3 小时

黄花菜蚜虫

[危害及分布]

黄花蚜虫有特征，虫体被有厚白粉。
孤雌生殖繁殖快，田间点片分布害。
首先群集叶背面，幼枝花蕾后出现。
取食汁液最厉害，花蕾多被虫体盖。
受害严重蕾萎蔫，产量质量均下减。

[防治]

防蚜农药比较多，高效低毒要记牢。
绿色产品首当先，土壤环境不传染。
阿维菌素莫比朗，剂型多种科学选。
参看商标阅说明，合理配兑好效应。

黄花菜蚜虫

防治黄花菜蚜虫使用药剂

通用名称（商品名称）	剂型	使用方法
阿维菌素	1.8% 乳油	4000 ~ 5000 倍夜喷雾
啶虫脒（莫比朗）	5% 乳油	1.5 ~ 2 克 / 667 米^{2}兑水 3 升

黄花菜红蜘蛛

[危害及分布]

各个产区均发生，干旱年份危害重。
黄花蜘蛛食性杂，危害主在叶背面。
刺吸汁液叶色变，叶片初现小白斑。
叶脉近处有特点，赤色条斑有时显。
严重叶片枯黄变，花蕾呈现干瘪完。
繁殖进度快增长，七月猛增为害猖。
常聚叶面来避光，叶脉附近吐丝网。
虫卵散生叶背面，常与丝网密相连。
生活习性有特征，上下爬行常活动。
多雨低温迁叶茎，晴天干旱叶上移。

[防治]

防螨农药比较多，高效低毒要记牢。
哒螨灵或塞螨酮，灭螨锰或克螨虫。
碱性农药莫混淆，配兑浓度看商标。
同种异名比较多，选购农药要请教。

黄花菜红蜘蛛

防治黄花菜红蜘蛛使用药剂

通用名称	剂 型	使用方法
哒螨灵	35% 乳油	1200 倍液喷雾
塞螨酮	5% 可湿性粉剂	1500 倍液喷雾
灭螨锰	25% 可湿性粉剂	1000 倍液喷雾
克螨虫	73% 乳油	2000 ~ 3000 倍液喷雾

温室白粉虱

[危害及分布]

黄瓜番茄多受害，针状口器食汁液。
失绿萎蔫死叶片，成虫幼虫蜜露产。
煤污病毒相混伴，果实叶片受污染。

[防治]

倒茬种植芹韭蒜，番茄面积量要减。
减少虫原少发生，黄瓜番茄不混种。
棚室挂置诱虫板，控制成虫不扩展。
化学防治关键用，扑虱灵或二嗪农。
阿克泰或天王星，轮换使用好效应。
生物防治应提倡，丽蚜小蜂繁释放。

防治温室白粉虱使用药剂

通用名称（商品名称）	剂 型	使 用 方 法
噻嗪酮（扑虱灵）	25% 乳油	1500~2000 倍液喷雾
联苯菊酯（天王星）	2.5% 乳油	3000 倍液喷雾
二嗪磷（二嗪农）	50% 乳油	1000 倍液均匀喷雾
噻虫嗪（阿克泰）	25% 水粒剂	6000~8000 倍液喷雾

红蜘蛛

[危害及分布]

成螨若螨叶背面，吸取汁液害叶片。
受害部分黄细斑，叶片失绿把色变。
高温低湿是条件，严重整叶落枯干。
一般危害下叶片，自下而上多蔓延。
危害叶片呈下卷，吐丝拉网是特点。

[防治]

合理轮作除杂草，天气干旱水多浇。
药剂防治效果显，炔螨特油清螨丹。
三环锡阿波罗悬，以上药剂互轮换。

防治红蜘蛛使用药剂

通用名称（商品名称）	剂型	使用方法
炔螨特	73% 乳油	3000 倍液喷雾
三唑锡（清螨丹）	25% 可湿性粉剂	1500 ~ 2000 倍液喷雾
三环锡	50% 可湿性粉剂	4000 倍液均匀喷雾
四螨嗪（阿波罗）	50% 悬浮剂	5000~6000 倍液喷雾

茄红蜘蛛

[危害及分布]

二斑叶螨是别名，茄葫豆科受害重。
若螨成螨叶背面，吸取汁液危害产。
受害叶面灰白点，点片发生后扩展。
果实受害粗糙现，产量质量全下降。
前期活动比较缓，高温低湿快蔓延。

后期活泼把食贪，向上爬行是特点。
常在叶端聚成团，飘落地面四周散。

[防治]

杂草病残清除完，合理施肥株体健。
药剂防治是关键，防螨农药是重点。
阿维菌素哒螨灵，黎芦碱醇天王星。

茄红蜘蛛

防治茄红蜘蛛使用药剂

通用名称（商品名称）	剂 型	使 用 方 法
阿维菌素	1.8% 乳油	3000 倍液喷雾
哒螨灵	15% 乳油	3000 倍液喷雾
黎芦碱醇	0.5% 水液	800 倍液均匀喷雾
联苯菊酯（天王星）	2.5% 乳油	1500 倍液喷雾

茶黄螨

[危害及分布]

螨体微小眼难辨，常以生理误诊断。
危害多在嫩茎叶，皱缩扭曲变早衰。
茄子黄瓜受害重，叶背嫩果集成群。
嫩叶受害叶变小，叶片增厚僵直褐。
叶片多呈油渍斑，叶缘卷向叶背面。
嫩茎受害茶褐生，花蕾受害成畸形。
幼果受害木栓化，果面龟裂呈开花。

[防治]

铲除杂草清虫源，药剂防治是重点。
及时用药最关键，必须要把虫情检。
茶黄螨有趋嫩性，喷药重在顶芽心。
阿维菌素哒螨灵，炔螨特和四螨嗪。
杀螨杀卵效应生，配兑浓度要记准。
马拉硫磷敌敌畏，氧化乐果杀虫胀。
千万记住不能用，杀灭天敌危害重。

防治茶黄螨使用药剂

通用名称	剂型	使用方法
炔螨特	73%乳油	3000倍液喷雾
阿维菌素	5%乳油	15000~20000倍液在害虫初发期喷雾
哒螨灵	15%乳油	1500~2000倍液喷雾
四螨嗪	20%悬浮剂	2000~3000倍液均匀喷雾

美洲斑潜蝇

[危害及分布]

成虫小蝇额鲜黄，幼虫白黄似蛆状。
幼虫危害最直接，取食叶肉皮存在。
寄主共有二十科，温棚瓜菜危害多。
形成蛇道布叶片，影响光效产量减。
老熟幼虫出虫道，叶面近表化蛹壳。

[防治]

种子处理放在前，保苗药剂来搅拌。
清除残体减虫原，休闲冷冻九十天。

诱杀成虫用黄板，涂抹机油把虫黏。
化学防治选准药，减少污染疗效高。
阿维菌素灭蝇胺，杀虫双水卡死克。
以上药剂互轮换，间隔七天喷三遍。

美洲斑潜蝇

防治美洲斑潜蝇使用药剂

通用名称（商品名称）	剂型	使用方法
灭蝇胺	50% 可湿性粉剂	2000 倍液喷雾
阿维菌素	5% 乳油	15000~20000 倍液在害虫初发期喷雾
杀虫双	25% 水剂	500 倍液喷雾
氟虫脲（卡死克）	5% 乳油	2000 倍液喷雾

菜青虫

[危害及分布]

幼虫体长青绿色，圆筒形状中间肥。
危害叶片可食光，苗期可使整株亡。
转株危害假死性，春末秋季危害重。
北方一年四五代，蛹在土缝越冬害。
成虫体长翅色白，习称蝴蝶鳞粉密。

[防治]

清洁田园杂草产，深翻土壤灭虫源。
纱网育苗防产卵，无害农药要多选。
Bt 乳剂灭幼脲，除虫脲粉抑太保。
以上药剂互轮换，间隔七天喷三遍。

菜青虫

防治菜青虫使用药剂

通用名称（商品名称）	剂 型	使 用 方 法
苏芸金杆菌(Bt)	乳剂	1000 倍液喷雾
灭幼脲	20% 悬浮剂	1200 ~ 1500 倍液喷雾
除虫脲	25% 可湿性粉剂	2000 ~ 2500 倍液于卵期或低龄幼虫期喷雾
氟啶脲（抑太保）	5% 乳油	2500 倍液喷雾

蛞蝓

［危害及分布］

危害幼苗厚子叶，只留叶面上皮在。
蚕食大苗叶边缘，食成孔洞缺刻现。
严重幼苗被吃完，花叶病毒有时传。
黄昏阴天外寻食，多在低洼土湿处。

［防治］

人工捕捉药兼用，多聚乙醛灭蜗灵。
行间石灰把苗保，密达颗粒防效好。

防治蛞蝓使用药剂

通用名称	剂 型	使 用 方 法
灭蜗灵	8% 颗粒剂	1.5~2 千克 /667 米 ^{2}
多聚乙醛	10% 颗粒剂	1 千克 /667 米 ^{2}
四聚乙醛（密达）	6% 颗粒剂	1 千克 /667 米 ^{2}

油菜蚤跳甲

[危害及分布]

幼虫危害蛀根茎，钻蛀叶肉潜道行。
成虫啃食叶表面，造成许多痕迹斑。
溃疡洞显叶面缘，严重枯死和青干。
粪便泄物留害部，成虫防治是根本。
趋上群聚和趋青，另外还有假死性。

[防治]

药剂防治最主要，其他措施配合到。
菜田周围始喷药，包围中央防虫逃。
敌百虫和敌敌畏，毒氯乳油一千倍。
幼虫危害发生严，敌敌畏油根部灌。
清除残体洁田园，播前十天土深翻。
改变环境危害减，灭蛹效果很明显。

防治油菜蚤跳甲使用药剂

通用名称	剂 型	使 用 方 法
敌百虫	80% 粉剂	1000 倍液喷雾或灌根
毒·氯	52.25% 乳油	1000 倍液喷雾
敌敌畏	80% 乳油	1000 倍液灌根

二十八星瓢虫

[危害及分布]

成虫幼虫害叶片，啃食叶肉在背面。
残留上表透明斑，最后斑痕褐色变。
只剩残茎病感染，受害瓜果产量减。
成虫假死是特点，静栖叶背在早晚。
中午活动最旺盛，喷洒农药正当时。

[防治]

首先人工来捕杀，其次再把药喷洒。
甲氰菊酯氟啶脲，功夫乳油效果好。
溴氢菊酯鱼藤酮，交替喷洒好作用。

防治茄二十八星瓢虫使用药剂

通用名称（商品名称）	剂型	使用方法
甲氰菊酯	2.5% 可湿性粉剂	2000~2500 倍液喷雾
高效氯氟氢菊酯（功夫）	2.5% 乳油	2000 倍液喷雾
溴氢菊酯	5% 可湿性粉剂	4000~5000 倍液喷雾
氟啶脲	5% 乳油	1000 ~ 1500 倍液于害虫发生初期喷雾
鱼藤酮	2.5% 乳油	1000 倍液喷雾

棉铃虫和烟青虫

[危害及分布]

棉铃烟青习性近，但是食性所不同。
番茄受害是棉铃，辣椒受害烟青虫。
烟青幼虫体色变，黄绿灰绿都出现。
虫体纵纹不太显，两侧常具黑圆点。
虫伤虫口常病染，软腐病害常相伴。

[防治]

翻耕土壤减虫原，结合整枝摘虫卵。
产卵高峰后三天，Bt 乳剂喷一遍。
物理防治很简单，光灯诱杀效果显。
百株卵量三十粒，开始喷雾多灭威。

番茄穗果鸡蛋大，功夫乳油效果佳。
高效农药氟啶脲，轮换使用效果好。

棉铃虫和烟青虫

防治棉铃虫和烟青虫使用药剂

通用名称（商品名称）	剂型	使用方法
苏芸金杆菌 (Bt)	乳剂	1000 倍液喷雾
氟啶脲	5% 乳油	1000~1500 倍液喷雾
高效氯氟氢菊酯（功夫）	2.5% 乳油	2000 倍液喷雾

茄子黄斑螟

[危害及分布]

黄斑螟害部位多，嫩茎花蕾和茄果。
受害嫩茎呈萎蔫，钻蛀果实引腐烂。
夏季多害花嫩梢，秋季果实危害多。

[防治]

残枝败叶焚烧完，清洁田园减虫源。
孵化盛期喷农药，氰戊菊酯保歼蛾。

防治茄子黄斑螟使用药剂

通用名称（商品名称）	剂型	使用方法
氰戊菊酯	20% 乳油	2000 倍液喷雾
阿维·辛硫磷（保歼蛾）	35% 乳油	1500 倍液喷雾

[危害及分布]

豇豆荚螟多别名，豆荚野螟豆荚螟。
主害豇豆和菜豆，扁豆豌豆也吃够。
幼虫危害豆叶花，接着又来害豆荚。
卷叶危害蛀荚内，取食幼嫩豆种粒。
荚内蛀孔堆虫粪，受害豆果苦味生。
成虫白天多隐藏，开始活动在晚傍。
豆叶花瓣把卵产，卵期一般五六天。
幼虫害前做丝囊，危害时候把身藏。
转荚危害是特性，株上豆荚受害重。

[防治]

非豆作物轮三年，败花落荚清除完。
进行冬灌虫源减，虫灯诱杀好办法。
药剂防治抢时间，现蕾开始最关键。
生物农药多应用，灭幼脲或白僵菌。
增效氰马杀螟松，毒死蜱乳好作用。
间隔五天喷三遍，轮换使用防效显。

防治豇豆荚螟使用药剂

通用名称	剂型	使用方法
白僵菌		每667米^{2}用1.5千克加细土4.5千克散施
灭幼脲	25%悬浮剂	1000倍液喷雾
氟啶脲	5%乳油	2500倍液喷雾

茄子根结线虫

[危害及分布]

侧根受害是重点，许多根结生上面。
状似念珠紧相连，根结球形须根团。
剖视根结雌虫显，地上部分黄化变。

[防治]

清除残体并毁烧，无病地块来育苗。
深翻土壤虫量少，杀线虫剂土毒消。
轮作倒茬二三年，杀灭虫瘿土深翻。
阿维菌素菌线威，处理土壤无害虫。
嫁接换根增抗性，虫害减少产量增。

防治茄子根结线虫病使用药剂

通用名称	剂 型	使 用 方 法
阿维菌素	1.8% 乳油	3000 倍液喷雾
菌线威	1.5% 颗粒	300 倍液灌根

黄瓜根结线虫

[危害及分布]

根结线虫引病害，地上植株生长矮。
水分不足土干旱，中午前后呈萎蔫。
侧根须根根节产，瘤状根节乳白显。
最后颜色成褐淡，剖开根节症状现。
乳白线虫在内边，发育不良病态见。

[防治]

瓜类芹菜和番茄，容易感病多受害。
大棚黄瓜轮五年，韭葱青椒任意选。

黄瓜根结线虫

清除残体洁田园，无病床土防传染。
深翻土壤喷药液，闷棚一般半个月。
嫁接换根有效应，清除病残起作用。
药剂防治定植前，阿维菌素把根灌。

防治黄瓜根结线虫病使用药剂

通用名称	剂 型	使 用 方 法
阿维菌素	1.8% 乳油	3000 倍液喷雾，1000 倍液灌根

瓜亮蓟马

[危害及分布]

成虫若虫吸汁液，幼芽嫩叶全受害。
被害叶芽常缩卷，心叶张开太困难。
瓜类常害生长点，失光变黑不抽蔓。
幼瓜受害畸形现，黑褐疙瘩长表面。
瓜形萎缩落果严，成瓜受害粗糙斑。
瓜面锈皮被布满，品质降低产量减。

[防治]

加强管理洁田园，生长旺盛为害减。
马灵乳油氟虫腈，轮换使用防效显。

防治瓜亮蓟马使用药剂

通用名称（商品名称）	剂 型	使 用 方 法
吡·丁（马灵）	5% 乳油	1500 倍液喷雾
氟虫腈	5% 乳油	1500 倍液喷雾

黄守瓜

[危害及分布]

为害瓜类是重点，成虫危害多叶片。
咬食叶片成半圆，严重叶肉被咬完。
剩余叶脉成网状，危害嫩茎苗死亡。
幼虫危害多根系，瓜秧失水后枯萎。
成虫白天活动盛，夜间阴天少活动。

[防治]

瓜苗定植五叶时，菊酯药剂来防治。
幼虫危害发生重，敌百虫液要灌根。
瓜秧根部麦壳覆，防虫产卵危害无。

防治黄守瓜使用药剂

通用名称	剂型	使用方法
敌百虫	90% 乳油	1500 倍液灌根

蛴螬

[危害及分布]

危害一般在根部，多种作物受害重。
幼苗根茎被咬断，致使幼苗枯死完。
块根块茎咬成洞，失去价值难食用。

[防治]

深翻土壤虫表面，鸟食冻死或风干。
成虫具有特殊性，假死趋光喜生粪。
利用习性诱成虫，压低虫口好途径。
化学防治乐斯本，危害期间要灌根。

蛴螬

防治蛴螬使用药剂

通用名称(商品名称)	剂型	使用方法
毒死蜱(乐斯本)	48% 乳油	50 毫升加水 20~50 升均匀喷雾

蝼蛄

[危害及分布]

棚室温高苗集中，危害相对比较重。
成虫若虫土中食，蔬菜种子全被吃。
有时根茎被咬断，植株萎蔫枯黄变。
蝼蛄土表能窜行，形成隧道害根茎。
幼苗根系失养分，干枯萎蔫致死亡。

[防治]

防治蝼蛄特性懂，昼伏夜晚喜出洞。
雨后活动更加旺，麦麸马粪趋性强。
混配毒饵按配方，饵谷一定要炒香。
再与敌百虫搅拌，傍晚均匀撒地面。
灯光诱杀效果显，人工挖窝杀虫卵。
特效农药乐斯本，瓜类苗期要禁用。

防治蝼蛄使用药剂

通用名称(商品名称)	剂型	使用方法
毒死蜱(乐斯本)	5% 颗粒剂	2~3 千克 /667 米 ^{2} 均匀撒施地面

地蛆

[危害及分布]

地蛆分布在各国，危害作物种类多。
常见地蛆有几种，种蝇葱蝇萝卜蝇。
幼虫背光喜腐性，地下活动危害重。
成虫喜聚臭粪味，早晚潜伏在土缝。
葱蒜韭味趋性强，根部受害幼苗黄。
温室大棚各虫态，能够越冬再危害。

[防治]

熟肥均匀应施深，种子肥料要隔分。
瓜类豆类种先浸，大蒜剥皮危害轻。
选准药剂把种拌，地虫绝杀效果显。
溴氰菊酯敌百虫，幼虫危害要灌根。

防治地蛆使用药剂

通用名称	剂型	使用方法
溴氢菊酯	2.5% 乳油	2500 倍液喷洒菜株间地表和定植前的栽培穴内
敌百虫	80% 可湿性粉剂	500~1000 倍液喷雾或灌根

小菜蛾

[危害及分布]

初龄幼虫食叶肉，留下虫斑光亮透。
菜叶出现透明斑，农民俗称开天窗。
三至四龄危害重，残害叶片缺刻洞。
严重全叶成网状，影响产量和质量。
幼虫活跃受惊扰，倒退翻滚或下落。
吐丝下垂是习性，春秋严重夏季轻。
成虫日出夜晚息，跳跃活动吸花蜜。

小菜蛾

[防治]

收后及时清田园，残枝败叶焚烧完。
物理防治黑光灯，诱杀成虫好作用。
夏秋采用防虫网，减少害虫增产量。
生物农药大提倡，减少抗性防效长。
阿维菌素虫螨腈，氟虫腈剂好效应。
多杀菌素啶虫脒，提高防效抓时机。

防治小菜蛾使用药剂

通用名称（商品名称）	剂 型	使 用 方 法
阿维菌素	1.8% 乳油	400 倍液喷雾
氟虫腈	5% 悬浮剂	2000~2500 倍液喷雾
虫螨腈	10% 悬浮剂	1200~1500 倍液喷雾
多杀菌素	2.5% 悬浮剂	1500 倍液喷雾

灰巴蜗牛

[危害及分布]

灰巴蜗牛多食性，青菜白菜危害重。
洋芋豆类和甘蓝，食用菌上也出现。
公园庭院和农田，雨后菜地最常见。
茎叶幼苗危害全，严重缺苗把垄断。
土缝石下草根中，作物根土把卵生。

[防治]

四聚乙醛杀螺胺，混拌细沙撒田间。
初至盛期及时用，连用二次有效控。

灰巴蜗牛

防治同型巴蜗牛、灰巴蜗牛使用药剂

通用名称	剂型	使用方法
四聚乙醛	6% 颗粒剂	0.5千克/667米^{2}撒施菜株附近，也可每667米^{2}拌细沙15~25千克，于苗床播种后施药
杀螺胺	70% 粉剂	每日667米^{2}加水25~28千克拌细沙撒施

黄曲条跳甲

[危害及分布]

该虫别名有好多，黄条跳甲黄跳蚤。
萝卜白菜和油菜，出土幼苗多危害。
子叶食后株死亡，缺苗断垄难生长。
萝卜被害显黑斑，最后整个黑腐烂。
白菜受害叶黑变，软腐病菌已感染。
幼虫只害根和茎，根皮须根被蛀食。

[防治]

播前深耕把土晒，改变环境虫蛹灭。
抗虫品种要推广，提倡要用杀虫网。
乐斯本或农地乐，喷雾防治好效果。
辛硫磷或敌百虫，灌根防虫有作用。

防治黄曲条跳甲使用药剂

通用名称（商品名称）	剂型	使用方法
毒死蜱（乐斯本）	48% 乳油	1000倍液喷雾
氯氰·毒死蜱（农地乐）	52.52% 乳油	1000倍液喷雾
辛硫磷	50% 乳油	1000倍液灌根，于采前7天停药
敌百虫	90% 原粉	

十七、蔬菜主要药害诊断与防治

[诊断]

化学农药有毒性，作物药害不忽视。
叶花种果植株根，药害症状不相同。
叶部药害最明显，失绿黄焦有叶斑。
植物激素最敏感，叶卷增厚畸形变。
果实药害在幼果，褐斑畸形个变小。
花朵药害花瓣枯，落花落蕾无果实。
植株药害生长缓，矮化扭曲茎秆弯。
根部药害根肥短，根毛短少色多变。
种子药害多拌种，胚芽杀伤无生命。

[病因]

药害产生多原因，不清药理和剂型。
喷洒方法多不准，重复喷施药乱混。
未经试验盲目用，不分作物和品种。

[防治]

防止药害并不难，购买药品仔细辨。
保花保果除草剂，敏感药物要牢记。
植物激素 2,4–D，杀菌农药硫制剂。
温度高低要注意，浓度过大出问题。
新药特药先试验，选购配兑莫随便。
产生药害有轻重，各种剂型须弄清。
杀虫杀菌除草剂，由轻到重要明记。
植物农药药害免，加大用量心放宽。

无机农药药害重，根据环境要慎用。
石硫合剂是碱性，酸性农药不相混。
硫酸铜液药害重，石灰加量可减轻。
有机农药害中度，严格掌握不用愁。
安全间隔掌握好，避免重复喷农药。
作物抗性各不同，十字花科强抗性。
菜豆抗性比较弱，瓜类作物药害多。
棚室作物组织嫩，选用农药要谨慎。
不同作物不同药，区别应用讲策略。
高温干旱和大风，阴湿雾重用药停。
幼苗幼叶和幼果，早期发育耐药弱。
此期喷药最主要，谨慎选药莫出错。

综合诊断及防治

氨气药害

[诊断]

棚室氨害多常见，轻者叶片成枯斑。
光合作用受影响，质量产量全下降。
害部初呈水浸状，干枯之时色多样。
暗绿黄白或褐淡，叶缘一般呈烧伤。
氮肥近根或过量，叶缘青枯下向上。
植株生长慢不良，严重之时全死光。

[防治]

科学施肥应记牢，尿素勤施和施少。
棚室蔬菜冬春季，尿素碳铵不干施。
氨害发生把气换，食醋喷洒效明显。

（注：食醋浓度为1%）

二氧化硫药害

[诊断]

一般主要害叶片，叶缘脉间肉白变。
继续危害叶脉展，导致叶片渐枯干。

[防治]

建棚地点认真选，工厂附近不扩建。
科学施肥力提倡，中毒之后风大量。
石灰溶液洒叶面，一般情况能减缓。

（注：石灰溶液浓度为 0.5%）

百菌清烟剂药害

[诊断]

烟剂主要害叶片，病从叶缘内扩展。
脉间叶肉绿失完，失绿叶肉全白变。
湿大坏部肉腐烂，最后全部破碎干。

[防治]

成分高低定药量，柔嫩幼苗量要减。
用药次数应灵活，根据病情来掌握。
最佳时期阴雨天，一天之中适傍晚。

其他杀菌剂药害

科学用药记心间，混用药剂三种限。
细致周到雾滴小，局部药量不能超。
适时用药应记牢，花期苗期慎用药。
强光高温药害产，这个时期要避免。
药害轻时松土壤，及时灌水氮适量。
重时液肥喷叶面，喷错农药水洗先。

参考文献

[1] 吕佩珂，苏慧兰，李明远等．中国蔬菜病虫原色图谱 [M]. 北京：学苑出版社，2004.

[2] 吕佩珂，苏慧兰，刘文珍等．中国蔬菜病虫原色图谱续集 [M]. 呼和浩特：远方出版社，2004.

[3] 王本辉，韩秋萍．蔬菜病虫害诊断与防治图解口诀 [M]. 北京：金盾出版社，2006.

[4] 王本辉．作物病害五诊法则及应用 [M]. 北京：金盾出版社，2017.